NF文庫
ノンフィクション

戦闘機「飛燕」技術開発の戦い

日本唯一の液冷傑作機

碇 義朗

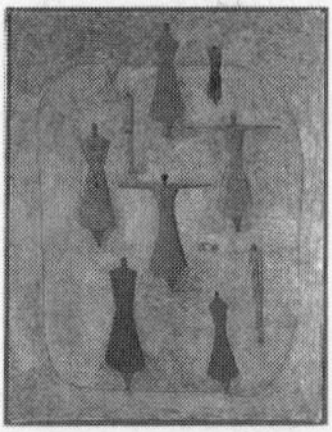

潮書房光人社

はじめに

〝和製メッサー〟——これが太平洋戦争でつかわれた日本で唯一《ゆいいつ》の液冷エンジンつき戦闘機「飛燕」につけられたアダ名であった。

ドイツのメッサーシュミットMe109戦闘機の日本版という意味からだが、飛燕がニューギニアの戦場に出現した当時は、連合軍側でもMe109のコピーと思ったらしい。ところが、エンジンが同系統のものをつかったということを除けば、飛燕とMe109はまったくちがう機体であり、設計思想もことなっていた。

メッサーシュミットMe109が装備していたダイムラーベンツ・エンジンは、〝ベンツ〟の名で知られる高品質のくるまを生産している会社で、技術の優秀さはイギリスのロールスロイスと好勝負であった。

飛燕のエンジンはダイムラーベンツを国産化したものだが、同じ枢軸国であったイタリアでは、それまで国産の空冷エンジンを装備していた戦闘機をことごとくダイムラーベンツにつけかえてしまった。このことは、のちに飛燕の機体に空冷エンジンをつけてキ100五式戦闘機とした日本とちょうど逆だ。

飛燕がMe109にくらべてすぐれていた点は、Me109の高速性に加えて格闘性にもすぐれ、しかも七百キロそこそこの航続距離の短さに泣いたMe109に対して、倍以上のあしの長さをもっていたことだろう。

だが、飛燕の出現した時期がちょうど戦争の局面が日本にとって曲がり角にさしかかっていたこと、そしてダイムラーベンツが当時の日本の技術ならびに工業力をもってしては充分にこなし切れなかったむずかしいエンジンだったため、隼戦闘機や零戦のようなはなばなしい活躍の場にめぐまれることなく、その好性能を認められずに終わってしまった。

ドラマなどでは悲劇のヒロインは、つねに美しいものと相場がきまっているが、飛燕もじつに優美なかたちをしている。その美しい姿態にかくされた設計上の苦心、そして飛燕をもって戦った人たちの血と汗と涙の苦闘のかずかずを、各務原飛行場に保存されているただ一機の飛燕を前にして、私は明らかにしたいと思った。

このため、飛燕を生み出す原動力となった機体の土井武夫、大和田信、エンジンの林貞助の三氏をはじめ、設計や生産にたずさわった、あるいはパイロットや整備員として戦闘に参加した多くの人びとにお目にかかったが、このほかにも沢山の亡くなられた方がたが飛燕とともに生きたことを思うと、まだまだ書きたりない気持でいっぱいである。

昭和五十二年二月二十日

著　者

戦闘機「飛燕」技術開発の戦い——目次

写真提供／著者・雑誌「丸」編集部・各関係者

戦闘機「飛燕」技術開発の戦い

——日本唯一の液冷傑作機

序章　台湾を襲った嵐

グラマン対「飛燕」

圧倒的な連合軍の攻勢だった。もはや緒戦の優位は消え去り、戦いの主導権は完全に敵の手中にあった。

昭和十九年十月十日、沖縄および南西諸島方面に姿をあらわし、徹底的に荒らしまわったミッチャー提督のアメリカ第38機動部隊は、一日おいて十月十二日、艦載機の大群をこんどは台湾に向けて放った。日本側でいう台湾沖航空戦である。

当時、台湾防衛のわが航空部隊は、陸軍の第八飛行師団と海軍の第二航空艦隊で、これに九州の各基地から増援航空部隊が加わることになっていた。陸軍は台湾防空、海軍は敵機動部隊攻撃と任務は分かれていたが、実際問題として台湾各地にあった約四百機あまりの陸軍戦闘機の大半は、訓練用の旧式な九七式戦闘機であり、敵機迎撃に使えるのは飛行第十一戦隊の四式戦疾風《はやて》三十機、第二十戦隊の一式戦隼《はやぶさ》三十機、および集成防空第一飛行隊の隼と三式戦飛燕《ひえん》との混成の十五機で、全部合わせても七十五機という劣勢だった。これでは一個中隊しかいなかった沖縄よりましというだけで、迎撃にあがれば圧倒的に優勢な敵の前に全滅にちかい打撃をうけることは目に見えていた。

しかし、敵を見て戦わないのは軍人にとって耐えがたいことだったし、全力をあげて敵機動部隊に攻撃をかけようとしている海軍航空部隊にたいしても面目が立たない。

第八飛行師団長山本健児少将は、「海軍のために捨て石となろう」と決意し、指揮下の各戦闘機隊にたいしてその意を伝えてあった。

十月十二日から三日間にわたって台湾沖航空戦が展開され、これに呼応して台湾各地の上空では、来襲した敵艦載機にたいしてわが陸軍航空部隊の悲壮な迎撃が行なわれた。

第八飛行師団の中に集成防空第一隊というのがあったが、この飛行隊は五つの教育飛行隊をもつ独立第百四教育飛行団の中から選抜された第一級のパイロット十五名で編成されたばかりの戦闘機隊で、飛燕七機と隼八機をもって台中《たいちゅう》飛行場に布陣していた。

中隊長は操縦歴十一年の東郷三郎大尉、以下操縦歴九年、八年、飛行時間四千時間以上のベテランに加え、中堅でも一千五百時間から三千時間という歴戦の勇士ぞろいで、全陸軍の戦闘機隊の中でもこれだけのパイロットをそろえた中隊はあまりなかった。

第四小隊長田形竹尾准尉は、このとき二十八歳ですでに操縦歴九年、飛行時間も四千時間をこえ、しかもそのほとんどが第一線部隊勤務だったから、「伎倆成熟の域に達し、いかなる任務に服せしむるもさしつかえなし」と書かれた戦隊長の「操縦伎倆証明書」も正真正銘かけ値なしのものだった。

戦闘機乗りとして本当の一人前となるには、五年の歳月がいる。神技といわれるほどのベテランパイロットは、実戦の体験をつんだ操縦歴十年前後の生き残りで、その数はきわめて少数だった。大空の勝負はきびしいもので、とくに体力と気力を要求される戦闘機操縦者の操縦生命は、肉体的に十年が限度といわれる短いものだった。老いすぎても若すぎても役に立たず、もとより階級など無関係である。

一号機の完成が開戦と同じ月となった三式戦闘機「飛燕」。ソロモンから本土防空まで、スマートな姿で人々を魅了した。

中隊長の東郷三郎大尉は操縦五十一期の出身で田形准尉の二年先輩にあたる。ノモンハン、支那と戦いつづけて四十機以上撃墜破のエースである。ノモンハン事件では武功抜群のかどで個人感状の栄誉をうけ、准尉から少尉に特別進級した実戦派の超ベテラン戦闘機乗りだった。

十五機の中隊は四個戦隊から抽出された混成ではあったが、中隊長以下選りすぐりの精鋭だったので、わずか一日で精神的団結ができあがった。

だから編成を終えたのが十月十一日、翌十二日は出動というあわただしい事態も彼らにとって何の障害にもならなかった。

敵艦載機の来襲が明日と予想された十一日、第八飛行師団長山本少将は単身、隼を操縦して各基地をおとずれ、低空飛行で激励してまわった。第一線で師団長がみずから操縦桿をにぎって飛ぶというのは異例のことだったが、それだけに師団長の決意のほどがうかがわれ、航空部隊の士気は大いにあがった。

夕方、飛行第十戦隊の百式司令部偵察機が敵機動部隊を発見、おそるべき第38機動部隊の兵力を報じてきた。

それは正規空母九、改装空母八、戦艦六、重巡四、軽巡十、その他六十四、合計百一隻、戦闘機約七百、攻撃機約三百という大兵力であった。

これを迎え討って台湾上空で戦う陸軍航空部隊にとり、当面の敵は七百機のグラマンだ。勝敗は、すでに明らかだったが、台中の集成防空第一隊では、この日の夕食に赤飯、紅白の餅、スルメ、コンブなどが支給され、明日の奮戦を誓ってビールで乾杯した。小勢で大敵との決戦におもむく桜井の駅での楠正成の心境であった。

その夜、十五名のパイロットたちは、戦死後の通報先と遺言状を書くよう一枚の紙片を渡され、明日の戦闘が尋常《じんじょう》でないことを改めて知らされ、それぞれの感慨を胸に床についた。

明けて十月十二日、いよいよ決戦の日となった。

午前五時五十分、非常呼集のラッパが勇ましく営庭に鳴りひびいた。とび起きたパイロットたちは飛行服の上から拳銃をつけ、駆け足で飛行場にかけつけた。

台中の街はまだ静かでほの暗い。炊事当番が差し出す握り飯を食べ、食後の水をひと口飲んだパイロットたちが一服していると、午前六時十分、偵察機からの第一報が入った。

「空母十七隻、戦艦六隻を中心とする敵機動部隊は、台湾東方洋上二百キロの海域を台湾に向かって全速侵攻中。母艦上には、約三百機のグラマン試運転中」

その状況を眼前に見るような報告に、待機中の気持の定まらないパイロットたちの間から、期せずして万歳の声があがった。

サイパン玉砕以来、敗北、後退と長い間、反撃のかなわなかった敵に対し、いまこそ師団は全滅を覚悟で組織的な迎撃戦闘をまじえるのだ。もとより生還は期し難い。台中基地には一瞬のうちに殺気がみなぎり、飛行師団司令部には紅白の戦闘旗が高くひるがえった。

「集成防空第一隊は、東郷大尉指揮のもとに全機出動、敵機を捕捉撃滅すべし」

東郷中隊長は、気迫のこもった声で飛行師団命令を伝えた。

飛燕七機、隼八機がいっせいに始動し、ややトーンの異なった十五機の爆音が暁の飛行場をゆるがし、決戦の空気を盛り上げていった。

「中隊は四個小隊一五機の編成で出動する。台中、嘉義《かぎ》、新高山《にいたかやま》を結ぶ線上において敵機を迎撃する。敵は五倍、十倍の大敵である。中隊は一丸となって戦う。決してふか追いしないように。敵を撃墜することも大切だが、味方機がやられないよう相互支援に全力をつくせ」

出発前、東郷中隊長はさらに細かい注意を与えた。

以下、この戦闘に参加した田形竹尾准尉の記述による。

『私（田形）は僚機の中村曹長と真戸原軍曹に、「やるぞ、しっかり俺について来い」と激励した。屏東《へいとう》以来一年半、後輩として訓練して来た二人はニッコリ笑ってうなずいた。

午前六時三十分、中隊長小隊より小隊ごとの編隊離陸を開始、第四小隊の私はしんがりをうけたまわり、暁の大空に向け三機編隊で離陸した。

飛行場上空三百メートルで集合して編隊を組んだが、なぜか私の愛機の脚指示器が赤ランプのままで青に変わらない。何度操作をやりなおしてもだめだ。車輪がひっこまないと速度が四十キロもおちて、空戦性能がグッと悪くなる。二番機の真戸原機も車輪が上がらず苦労している。残念だが故障では仕方がない。着陸することに決心し、東郷中隊長に無線電話（八十キロの距離まで有効）で指示を仰いだ。

「田形小隊、着陸せよ」と、折りかえし中隊長より指示があり、中村曹長、真戸原軍曹からも「了解」の応答があったので三機編隊で三百メートルまで高度を下げた。ところが、飛行場上空に進入したとき、突然、中村曹長が翼をふり、編隊をはなれて中隊主力の方向に反転してしまった。再三制止したが聞き入れなかった。

かならず敵機に遭遇すると判断される出撃に、故障のため任務途中で着陸する残念な気持は体験を通じてよくわかる。その旺盛な闘志はよしとするが、しかし、相手はたいへんな数だ。指揮官の指揮からはなれてはならない。そこで東郷中隊長に無電でたのんだ。

「中村曹長の収容をたのむ」

すぐに中隊長から「収容した」との返信があったので、ホッとした気持で着陸した。整備兵が、油圧系統の空気洩れの修理を急いだ。二十分ほどで修理は終わった。飛行師団司令部付小林少佐に出動の指示を問い合わせると、「田形准尉は、別命あるまで緊急姿勢で待機せよ」とのことで、わずか十五機の中隊から二機欠けることへの懸念はあったが、真戸原忠志軍曹（鹿児島県鹿屋市在住）と二人、ピストで待機することにした。ここにはつぎつぎに情報が入り、各地で戦闘が開始されたことを伝えていた。

「宣蘭《せんらん》上空交戦中」「花蓮港《かれんこう》上空交戦中」「基隆《キールン》上空交戦中」「屏東上空交戦中」

さらに敵機動部隊に接触中の司令部偵察機からの無電が、「各空母から大兵力が発進中」を報じてきた。

台風の襲来を思わせる敵の大編隊だ。

このとき、地上の監視哨から情報が入った。

「新高山上空、彼我《ひが》数十機入り乱れて交戦中――」

私はフト引き返して行った中村曹長の顔を思い浮かべ、なぜか不吉な胸さわぎを感じた。

このとき、新高山東方地平線上にグラマン数十機の大編隊を発見した東郷中隊長は、ただちに急上昇に移り、高度五百から四百メートルで進入中の敵編隊に対して攻撃を開始した。

「全機攻撃を開始せよ！」

優位の高度から第一小隊の中隊長を先頭に、十三機がいっせいに敵大編隊に突入した。さすがは歴戦の東郷中隊長らしく、あざやかな先制攻撃だった。不意のこの攻撃に敵編隊は一時、大混乱におちいった。東郷中隊長がまず一機を撃墜、同時にグラマン四機が火をふいて墜落していった』（田形竹尾『飛燕対グラマン』今日の話題社刊）

二十対一の戦い

みごとな編隊群戦闘で東郷大尉の指揮する本隊がグラマンの大群を翻弄《ほんろう》していたころ、台中飛行場で待機していた田形准尉は飛行団司令部に呼ばれた。

「田形准尉は僚機一機を指揮して来襲中の小型機四十機を迎撃、これを撃滅すべし」

小林少佐がきびしい口調で命令を伝えると、星飛行団長も田形に言った。

「たのむぞ、自重して戦えよ」

二機で四十機を撃滅などできるわけはないが、自分を信頼しての命令とあれば、この上ない光栄である。戦って戦いぬいて、できるだけ多くの敵機を道づれに死のう、と田形准尉は心に決めて戦闘待機所《ピスト》にもどった。出動まであと十分、迎撃戦闘としては充分な時間の余裕だ。

「おい、命令が出たぞ。俺といっしょに死ぬか」

真戸原軍曹に言うと、「はい、死にます」と、いとも無造作な答えが、笑顔とともにかえってきた。

真戸原軍曹は少年飛行兵七期生で、まだ二十二歳の青年。この日が初陣である。操縦歴は四年、飛行時間はまだ千五百時間だが、屏東以来一年半にわたり、田形の僚機として高度の戦技をきたえてきたので、その実力は若い中隊長クラスをしのぐものがあった。

田形准尉は、ただ一機の部下真戸原軍曹にこまかい注意を与えたのち、しずかに出動の時間を待った。今日の戦いは、まさに決死隊のそれであるが、運と努力によっては生還の道が残されている。しかし、二十対一で生還した例は、これまでの陸軍航空戦史にはない。そんなことを考えながら田形は、意外に平静な自分を心づよく思った。

「奥さんや子供さんに、何か遺言はありませんか」と、煙草をくゆらせていた田形に、真戸原軍曹がいたずらっぽくたずねた。

「うん、この期《ご》におよんではね」と、苦笑しながら答えた田形は、フト独身者は強く妻帯者は弱い、という俗論を思い出し、そんなことがあるものか、と自分で否定した。

ふたたび田形准尉の記述を借りる。

『いよいよ出撃離陸の時間がやってきた。整備兵によってエンジンがまわされ、九時二十五分、二機編隊で離陸した。星飛行団長らが手をふって見送ってくれた。

空中戦というものは、奇襲攻撃を受けることなく、時間的に余裕があって先に敵を発見し、先制攻撃を加えることができれば、心理的にずいぶんらくに戦える。

私は台中—嘉義—北港《ほくこう》をむすぶ三角線上において敵を捕捉迎撃し、台中には一歩も敵を侵入させないという方針で、情報による小型機四十機に対して高度四千メートルで索敵のための哨戒飛行を行なうことにした。

——離陸後十三分を経過していた。ずいぶんながい時間がたったような気がした。見えない敵との戦いはシンが疲れる。そして一分が経過したとき、新高山と嘉義をむすぶ線上近くの南方に、針でついたほどの黒点を一つ発見した。

「敵機だ！」多年の戦場での体験でそう感じた。その黒点を見失わないようにして、ゆるやかに十五度右旋回しながら接敵を開始、近づくにつれて黒点は五つに増えた。

敵機発見——僚機の真戸原軍曹に、しずかに翼をふって知らせた。初陣の彼の目には映じないのか、首をかしげて懸命にさがしている。

私は光像式照準器のスイッチを入れ、風防ガラスを手袋で拭いた。計器類を点検、冷却器のシャッターを全開にし、バンドをしめなおして大きく深呼吸を三回した。左手を上げて合図をすると、カンよく察した真戸原軍曹も同じ処置をした。

黒点はしだいに大きくなり、やがてその形からグラマンと識別され、機数もはっきりした。三機、九機、九機、九機、六機のグラマン戦闘機三十六機で、高度は四千五百メートル。密集隊形で新高山西北方を飛んでいる。敵は、まだこちらに気づいていない。アメリカ軍パイロットの視力は一・〇が基準だそうだが、私の二・五の視力と〝心眼〟にもとづく索敵能力が相手を上まわったのだ。

二対三十六、相手にとって不足のない大敵だ。この一戦に、九年間に学んだ空戦の真髄《しんずい》を爆発させて戦うのだ。バックミラーに映った自分の顔を見たが、さほどきびしい表情はしていない。われながら落ちついているな、と思った。

敵は依然として密集隊形で、しずかに北進をつづけている。その進行方向軸線に対し、前方を押さえるべく四十五度の角度で接敵を開始した。

真戸原軍曹もようやく敵を確認したらしく、私の飛行機に接近し、敵機の方向を指して頭をかいて笑って見せた。

豪胆なヤツと感心したが、敵は十八倍だ。しかも、これは演習ではない。「こいつ!」と大声でどなったが、勿論、爆音で聞こえるわけがない。だが、この清純な魂の持ち主を殺してはならない、と私は心に誓った。

私が黒点として敵を発見してから三分以上たった。約八千メートルの距離に近づいたころ、ようやく敵もこちらに気づいたらしく、三十六機のグラマン編隊に動揺がおこった。

「日本戦闘機隊発見」「戦闘隊形に移れ」

おそらく全機にそう指示があったのだろうが、日本

大戦の中期以降、日本戦闘機の手強い相手となったグラマンＦ６Ｆヘルキャット。2000馬力エンジン搭載の重戦だった。

の戦闘機が何機いるのか、どういう態勢になっているのかわからない機が多いらしく、急反転で降下するもの、翼を傾けて相手を見つけようとするもの、急上昇するものなど編隊が一時バラバラになった。

だがそれもほんのひととき、精鋭を誇る第38機動部隊の艦載戦闘機隊らしくたちまち態勢を整え、上下左右に展開してわれわれを包囲するように迫ってきた。

「ただの二機か」敵にそうしたあなどりがあったか、私は敵編隊の動きのスキを見つけ、前下方高度差約五百メートルの低位にあった第二編隊の九機を攻撃した。牽制《けんせい》のため一連射を加えると、全機あわてて急反転降下していった。

このとき真戸原機が射撃可能な上昇中の他の九機編隊に接近、一連射を加えて一機を撃墜した。と見る間に下の方から別の六機が射撃しながら迫ってきたので、私は真戸原機援護のためこの敵に攻撃を加えた。それとは知らず一機撃墜して五十メートルまで近づいてきた真戸原軍曹に、ほめるかわりに「ばかッ」ときめつけた。初陣の彼は、ほかに三十五機の敵がいることを完全に忘れて攻撃していたのだ。

これは編隊群戦闘でもっとも危険なことで、単機同士の空戦とちがって徹底的に攻撃できないところに編隊群戦闘のむずかしさと味があるのだ。あとの態勢がどうでもいいのなら、三十六機もいる敵機だからどちらに機首をむけても落とせる目標はある。この誘惑に負けて無名のパイロットに名をなさしめたベテラン・パイロットの例は、決して少なくないのだ。

全速で敵編隊の中間を突破し、いったん戦闘圏外に脱出した私たちは、一挙に敵より一千メートルの高位を占めた。敵編隊は数が多いためにかえって行動が束縛され、身がるに動けない弱味があった。

　私は戦闘の原則である敵の指揮官機を撃墜すべく、左斜め下方の指揮官編隊を狙って浅い角度で降下した。ところがいま一歩というところで、指揮官機を援護すべくムリな姿勢で下から撃ち上げてきた二番機のために攻撃を中止して急上昇しなければならなかった。もう一息で指揮官機を撃墜できたのに、身の危険をかえりみないで指揮官機をかばった勇敢な敵のためにみすみす逃してしまった。それ以後も二度同じようなチャンスがあったが、そのつどほかの機に妨げられて撃墜できなかった。

「飛燕」の操縦席。計器板上部にとりつけられている光像式照準器、左胴体内機関砲がはずされている。

　その後、私は二機

機を撃墜し、真戸原軍曹を合わせて戦果は三機となったが、私たち二機に集中攻撃してくる敵機は、攻撃の統一を欠くために、せっかく多数でありながら一機ずつ私たちに食われる結果となった。

勿論、私は操縦経験九年の間に学んだ高速の一撃離脱と格闘戦法の巧妙な組み合わせにより、二機が一体となった編隊戦闘を展開したし、飛燕はそれに充分応えてくれた。ことに飛燕はグラマンより速いし、上昇性能もすぐれていた。

しかし敵は圧倒的に数が多い。こうして戦っていても、味方の救援は一機もなく、まったく自力で血路を開くしかない。

突然、前下方から敵編隊が一斉射撃しながら突進してくるのが目に入った。しばらく回り込みながら対進の撃ち合いを避け、後上方からの追跡攻撃に移るため、機首を下げてエンジンを全開にした。たちまち速度が六百キロ時になったところでレバーを中途にもどし、エンジンに余力を残した。敵は高位に出ようと上昇中なのでエンジン全開、しかも速度はおそく四百キロ時程度と思われた。われわれは絶対有利な態勢だった。

敵の九機編隊はわれわれの攻撃におどろいて、いっせいに反転降下した。私は八十メートルぐらいまで近よったところで、第二編隊の長機に一連射をあびせた。少し左に滑ったとみえて、敵機の左翼燃料タンクからパッとガソリンが吹き出した。そのまま垂直降下して戦場を離脱しようとしている様子だったが、それ以上確認している余裕はない。

撃墜にいたらず、撃破一機だ。

戦闘開始以来、九分経過していた。全身が燃えるように熱い。バックミラーを見ると、顔色が激闘と興奮とマラリアの熱で真っ赤になっていた。それからの数分間は二対三十二の五分と五分の本格的な格闘戦となった。

計器板配置図

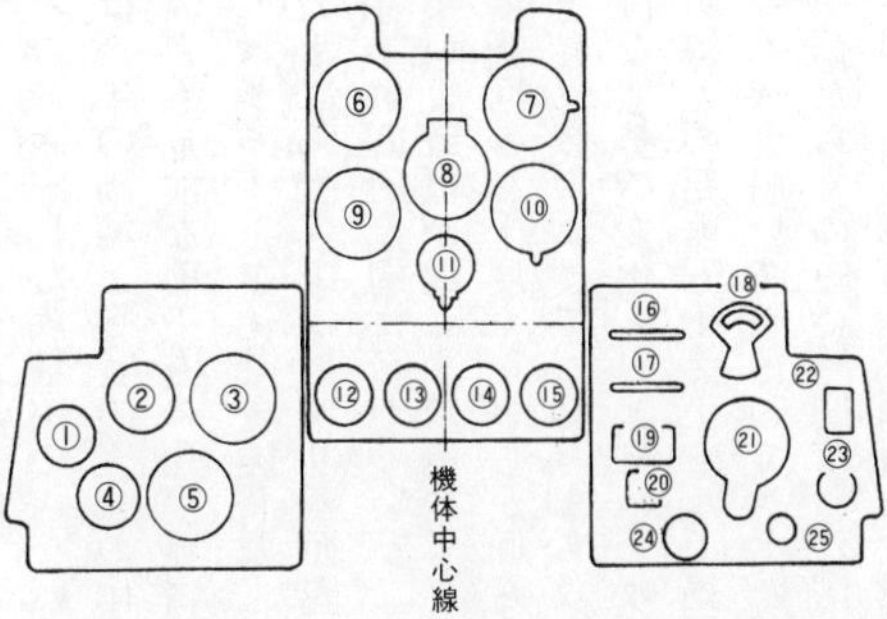

①大気温度計　②点火開閉器　③吸入圧力計　④排気温度計　⑤回転計　⑥施回計　⑦昇降計　⑧羅針盤　⑨速度計　⑩高度計　⑪飛行時計　⑫水温計　⑬滑油温度計　⑭滑油油圧計　⑮燃圧計　⑯水冷却器扉開度指示器　⑰下げ翼開度指示器　⑱酸素吸入器流量計　⑲脚警灯　⑳屋輪警灯　㉑油量計　㉒施回計調整弁　㉓速度計ポンプ　㉔燃料注射ポンプ　㉕切換コック

敵の数は多いが、私と僚機は一体となって互いに救援し合い、飛燕の高性能は何度も私たちを危機から救ってくれた。

数分後、私たちはふたたび危機におそわれた。前下方から三機、後上方から三機、左側上方から二機、三方から同時攻撃をかけてきた。僚機もまた数機の攻撃にさらされようとしており、私たちは戦闘がはじまってから最大の危機に追い込まれた。

だがこの場合、決定的に有利な高位から攻撃している編隊はないし、包囲中の敵が編隊単位による攻撃だったことがわれわれを救った。三方からの編隊攻撃、あまり近よりすぎると同士討ちになるので徹底した攻撃ができないからだ。

私は長年の訓練と幾多の実戦の体験から、こうした場合の危機回避法を知っていた。もっとも危険な前下方の死視界にある敵を見える態勢とし、後方からの三機の銃弾をかわしつつエンジン・レバーを全開にして少し高度を下げ、スピードをつけた。約六百キロ時になったところでエンジンを中速回転におとし、余力を残しながら安全度の限界いっぱいまで敵を引きつけた。

いよいよ敵機が近くまで迫ってきたとき、私のもっとも得意とした、ひと口でいえば三百六十度旋回の九十度ぐらいしか回らない間に敵を前方にのめらせ、エンジンの余力を生かした急上昇反転によって、たちまち攻守が入れかわった。

急激な態勢の変化におどろいて攻撃目標を失った敵機が、フラフラと前方に飛び出してきた。敵機との距離五十メートル、絶好の攻撃態勢となった。すかさず一連射を加えると、あっけなく火を噴いて墜落して行った。説明すると長いようだが、あらたに包囲されてからわずか一分たらずの短い時間だった。

僚機の真戸原軍曹も、懸命に危機を脱しようとしていた。私は急反転降下で、後ろから僚機を攻撃中の敵三機に牽制射撃を加えて救援した。これで真戸原機を追っていた敵五機は、バラバラになって急降下退避して行った。

これで二十八機になったが、戦闘開始からすでに十五分、飛行時計の針は十時を指していた。連続の死闘で胸が苦しくなり、全身に疲労を感じてきた。

こうして、緒戦からこれまでは有利に戦ってきた。三十六機の大編隊が私たちわずか二機に八機も撃墜破され、簡単に撃墜できる相手でないことを悟ったようだ。敵も急激に態勢を整え、このままさらに長時間戦えば、いずれこちらが不利になる。有利な点といえば飛燕はグラマンより四十キロも優速であり、しかもわれわれ二機は呼吸がピッタリ合って一身同体のように戦えることだ。さらに友軍上空であるという精神的な余裕があったことも見逃せない』（前出、田形竹尾『飛燕対グラマン』）

このあと、田形、真戸原の両機はさらに十分ちかくも戦闘をつづけ、撃墜、撃破一機ずつの戦果を加え、結局グラマン戦闘機六機撃墜、五機を撃破するというはなばなしい勝利をおさめたが、両機とも被弾して不時着し、パイロットは生還したが機体は大破するというすさまじい戦いであった。

「愛機飛燕よ、よく戦ってくれた。ありがとう」

大破した愛機へ、彼らは心からそう言わずにはいられなかった。

▼キ61Ⅱ改　三式二型戦闘機

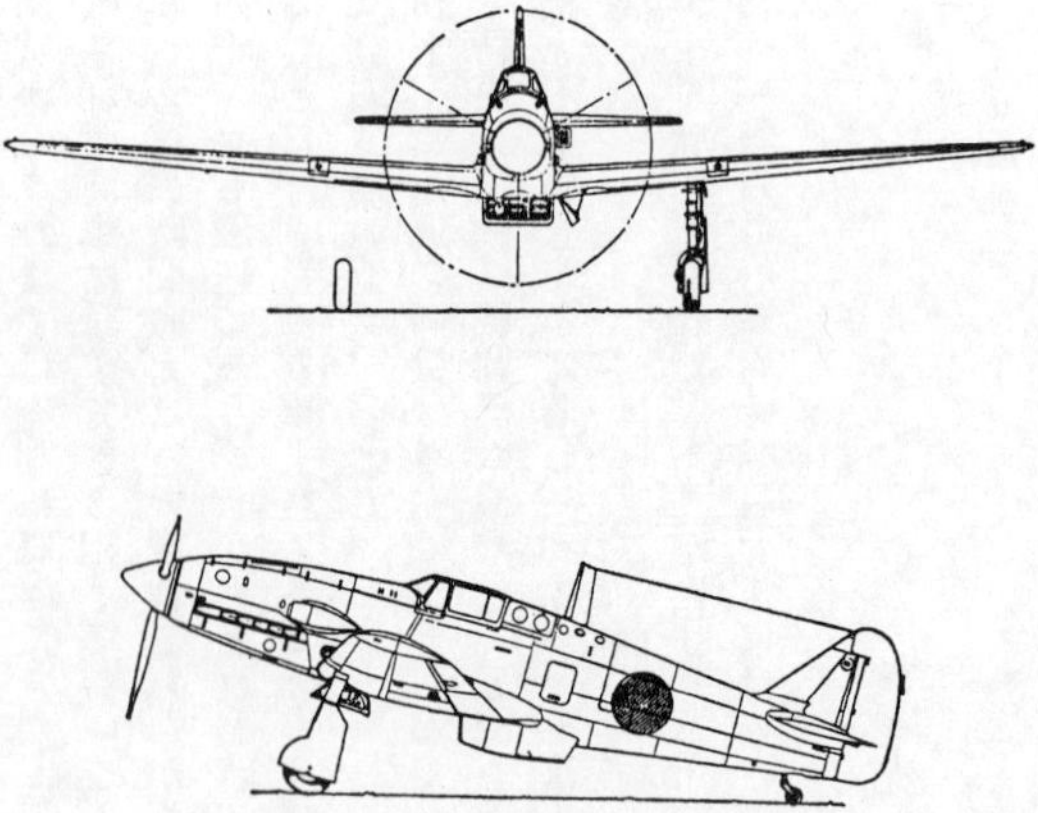

▼キ100　五式戦闘機

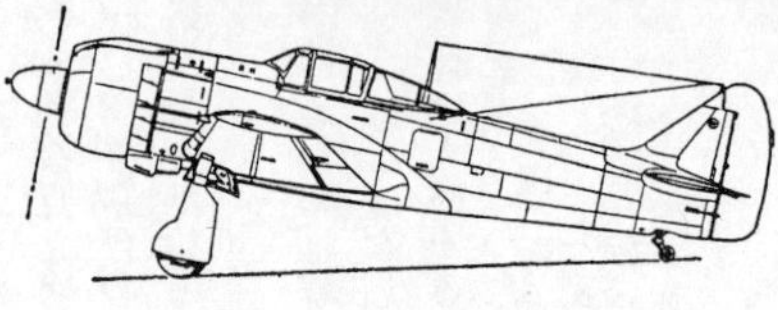

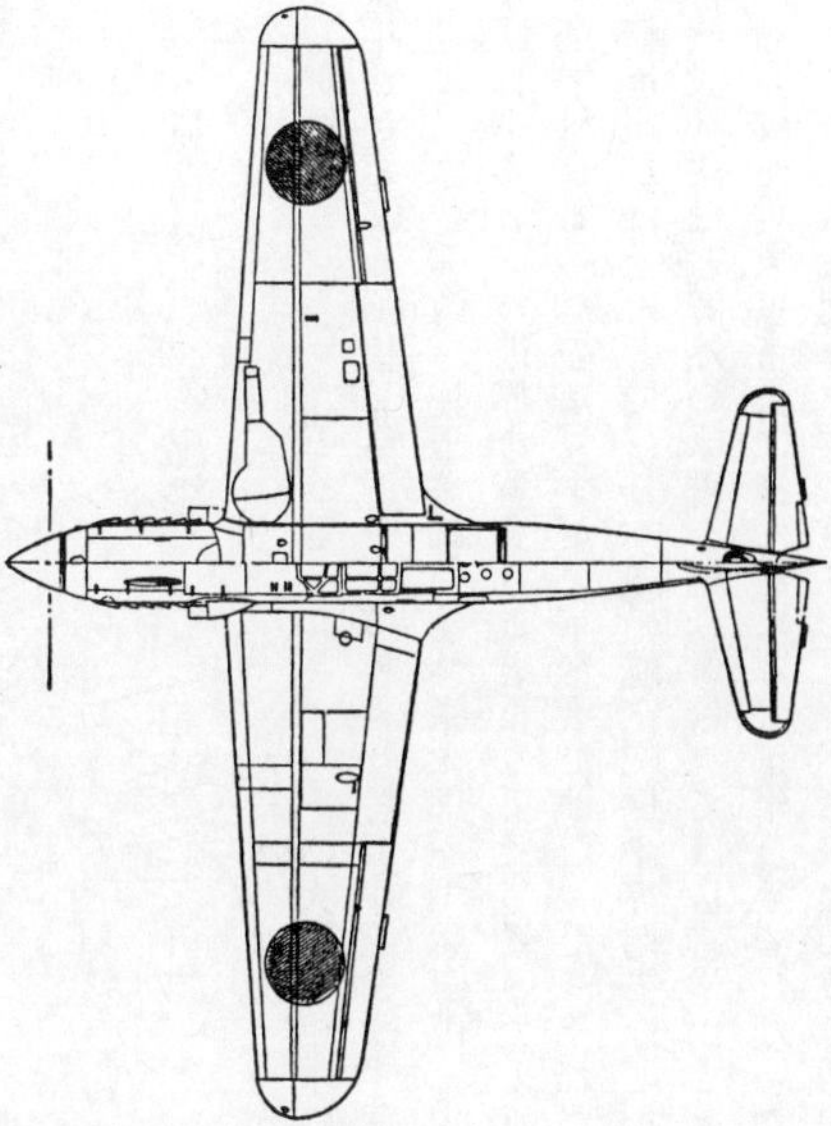

キ61.Ⅱ改　三式二型戦闘機

全幅：12.00m　**全長**：8.75m　**全高**：3.70m　**主翼面積**：20.0m²
自重：2210kg　**全備重量**：3130～3616kg　**発動機**：ハ40、1100馬力
プロペラ：定速３翅(直径3.0m)　**最大速度**：592km/h　**実用上昇限度**：11600m　**航続距離**：1100km　**武装**：12.7mm×４

第一章　若きパイオニアたち

見習いからの出発

田形、真戸原両機がグラマンF6Fヘルキャットの大群を相手に死闘を演じたときより、およそ十八年さかのぼる昭和二年、後年の名設計者土井武夫は、東京帝国大学航空学科を卒業した。同期には木村秀政、児玉幸雄、駒林栄太郎、堀越二郎、中川守之、由比直一ら、いずれものちに日本の航空技術界を背負うことになるそうそうたるメンバーがいた。

当時、航空学科があったのは、まだ東京帝大だけだった。それだけに教授も、造船や機械工学からの転進組がほとんどで、日本語の航空関係の専門書などないから、学生たちは流体力学、飛行機設計法など海外の原書を読みあさっては自ら学ぶことが多かった。

土井が山形高校から東京帝大に進んだのは大正十三年で、幼いころからブリキ細工が好きで、小学生のころ蒸気機関車を作ったりしたが、第一次大戦で活躍した外国の飛行機の写真に少なからぬ興味をいだきはしたものの、とくに航空学科を志望したわけではなかった。

航空学科は大正十二年に第一回生が卒業したばかりのあたらしい学科で、試験はむずかしいという評判だった。入学案内を見て、こんな学科もあるのか、といった軽い気持で願書は出したものの、どうせ受かりっこないと思った土井は、京都帝大も受験した。航空がダメなら、天文学をやるつもりだったのだ。京都から帰ったとき東京帝大合格を知らされ、半信半疑で本郷の大学まで行ってたしかめ、ようやく本当なんだな、と納得した。

土井が大学を出た昭和二年といえば大へんな不況のときで、帝大出の学士さんといえども就職はむずかしい時代だった。彼は川崎航空機の前身である神戸の川崎造船所飛行機部に入社した。といっても月給社員ではなく、日給一円五十銭のアプレンティス（見習い、徒弟といった意味がある）としてだった。もっともこれは松方コレクションで知られる松方幸次郎社長の方針で、技術者をきびしく育てようという意味があった。

当時、いっしょに大学を出て官庁に入った者が月給七十円、いい会社で百円といったところが相場だったから、本来ならバカバカしいようなものだが、すでに飛行機を自分の道と決めた土井には大して苦にならなかった。しかもここには、航空技術の先進国であるドイツからやってきたリヒャルト・フォークト博士がいたし、会社として初の自社設計機であるKDA二型試作一号機が完成直後という、飛行機設計者をめざす土井にとっては願ってもない状況であった。

だが、現実はきびしかった。なかなか図面をひかせてもらえず、はじめのうちは計算の手伝いばかりやらされた。今のような手がるな小型電卓や大規模なコンピューターは勿論、のちにさかんに使われるようになった手まわしのタイガー計算機すらなかった時代だから、もっぱら計算尺にたよるほかはなかった。

しばらくして、図面の仕事をやらされた。張りきって製図板にむかうこと三ヵ月。ようやくできあがった労作はチェックのためフォークトのもとにまわされたが、二、三日してかえされた図面は、無残にもなおされたあとで真っ黒になっていた。消しゴムで消そうにも、あまりにひどすぎてどうにもならないから、またやりなおしとなる。

「くやしかったが、飛行機にかけてはむこうの方がはるかに上だから、どうにもならない。今に見てろ、と歯を食いしばって、また製図板にむかった」と、土井は当時を回想して語っているが、フォークトの指導はなかなかきびしく、大学を出たての土井にとってまさにアプレンティスの毎日だった。

同期の堀越二郎と由比直一は、のちの三菱重工業名古屋航空機製作所の前身である三菱内燃機株式会社に入社した。

土井が入社した昭和二年四月末に赤字銀行の取りつけ騒ぎがおこって、川崎の主力銀行だった第十五銀行がつぶれ、そのあおりで造船所本社と工場では多数の従業員の解雇を行なうという出来事があった。

さいわい飛行機部はあまり影響がなく、むしろ将来の発展にそなえて名称を飛行機部から飛行機工場にあらため、本社直属の独立工場となった。そしてKDA二型が制式になると、八七式重爆撃機、八八式偵察機、BMW六型エンジンの生産で多忙をきわめ、工場は残業、徹夜があたりまえといった活況を呈した。

昭和三年四月に、八八偵の下翼下面に爆弾二百キロを吊りさげるようにしたものが八八式軽爆撃機として制式となり、昭和六年にはじまった満州事変では三菱製の八七式軽爆中隊の戦線進出がおくれたため、軽爆も川崎製で占められることになり、このあと進出してきた八七式重爆中隊と合わせて、満州の第一線の偵察、爆撃機隊は〝川崎オンパレード〟のありさまとなった。

模型を手に語りあう土井武夫(左)と林貞助。昭和2年に東大を卒業した土井氏は、川崎入社当初は〝見習い〟扱いだった。

八八式偵察機には一型と二型とがあり、初期の一型は、機首前面に自動車のような大きなラジエーターがあったので角ばっていたが、あまり具合がよくないので、二型では機首下面に流線型のカバーをつけて吊りさげるようにした。また補助翼も上翼にしかなかったのを、二型では下翼にも取りつけられた。この二型が八八式軽爆撃機となったが、重量と空気抵抗がふえた分だけ性能はおちている。

八八式偵察機は幅十五メートル、長さ十二・八メートルで、主翼面積は四十八平方メートルもあった。太平洋戦争初期に活躍した九七式司令部偵察機（東京・ロンドン連絡飛行をやった朝日新聞社の神風号と同じ型）の二十平方メートルあまりにくらべ倍以上もあり、最大速度は二百二十キロ時で、同じく九七司偵の四百八十キロ時にくらべると半分以下となり、十年間の飛行機の進歩がいかに大きいかがわかる。

偵察機型（一型および二型）、爆撃機型（二型のみ）など〝八八式ファミリー〟の川崎での生産機数は偵察機が五百二十機、爆撃機として三百七十機、合わせて八百九十機で、昭和七年末まで六年間にわたって生産がつづけられ、当時としては、異例のロング・セラーとなった。なお、この機体はのちに立川飛行機となった石川島でも転換生産によって偵察百八十七機、爆撃機三十七機が生産され、川崎、立川両社を合わせると実に一千百十四機に達した。したがって、陸軍でも済南事変、満州事変、上海事変から支那事変の初期にいたる約十年もの長い間使用された。

飛んでみなければ分からない

偵察機および爆撃機で成功した川崎の、つぎの狙いは戦闘機だった。

土井が入社したころ陸軍では中島飛行機製の甲式四型戦闘機が使われていたが、第一次大戦におけるフランスの勝利、ひいては連合軍を勝利にみちびいた傑作戦闘機ニューポールの流れをくむとはいっても、原型完成が大戦終了後とあっては旧式の感はまぬがれなかった。

そこで陸軍航空本部では、これにかわる高性能の新型戦闘機を開発するため、昭和二年三月、陸軍の指定工場になっていた中島、三菱、川崎および石川島の四社にたいし、競争設計試作命令を出した。数社による競争試作は陸軍航空本部長井上幾太郎中将の発想によるもので、海軍より四年も早かった。大正十五年度の偵察機の試作がはじまりで、これは川崎の勝利となったが、第二回目がこの昭和二年度の戦闘機だった。

当時の試作手順としては、陸軍から計画要求が出されると、これにたいして、各社が設計書をつくって提出し、まず書類と図面による審査をうける。この段階で石川島が脱落し、中島、三菱、川崎の三社だけが実機をつくった。中島は甲式四型戦闘機の設計者であるニューポール社のマリー技師、三菱はバウマン博士、川崎はフォークト博士を主任設計者とし、一年後の昭和三年春に各社の試作機が出そろった。

三社とも申し合わせたように、主翼を胴体から少し上にはなして支柱でささえる高翼単葉機（パラソル型）だったが、これがわざわいしてこの競争試作を、すんでのところで流産にしてしまうところだった。もともと各社から軍に提出された設計では、複葉か一葉半（下翼が上翼の半分ほどの主翼形式）だったのを、軍関係者たちのつよい意見でパラソル型に設計変更されたといういきさつがあった。

川崎がドイツからまねいたリヒャルト・フォークト博士。

このころは、海軍より陸軍の方が航空にかんしては進んでおり、はやくも偵察機は下志津、爆撃機は浜松（今の航空自衛隊浜松基地）、戦闘機は明野（今の陸上自衛隊航空学校といった具合に教育が分化されていた。そして用兵や新機種については、これら飛行学校の教官たちの意見が絶対的で、「戦闘機は視界が第一、下がよく見えないようなのは戦闘機にあらず」といった明野の教官たちの強硬な主張が各社の設計をパラソル型にかえさせてしまったのである。のちにやはり軍の関係者、とくに戦闘機パイロットたちが陸海軍とも空戦性能第一をとなえ、世界の主流である速度優先思想をとり入れようとする設計者たちを困惑させたことと軌を一にするものだが、民間会社が注文側である官の要求によわいのは今も昔もかわらない。

三社の比較審査は所沢飛行場で行なわれたが、六月の最終審査段階でハデな事故がおこった。事故をおこしたのは三社の試作機の中ではもっともスマートな三菱の「隼」二型戦闘機で、ドイツから招聘《しようへい》したバウマン博士の指導する陸軍機設計グループが設計にあたったものである。東京帝大機械科出身の仲田信二郎技師を長とし、土井と同期の入社まもない堀越二郎もメンバーの一人だった。

この日は、中空に雲があった。エンジン全開で急降下に入った三菱隼が、この雲に入って見えなくなったあとに異変はおきた。速度は四百キロ時も出ていただろうか。当時としては、かなりの高速度だ。ふたたび隼が雲の下にあらわれたとき、見ていた関係者たちは思わず、「アッ!」と息をのんだ。

隼が胴体だけになって突っこんでくるのだ。主翼はと見れば、はるかにおくれてヒラリヒラリと上空に舞っている。

「空中分解だ！　パイロットは……」

真っ青になった関係者の目に、パッと白いものが開くのが見えた。パラシュートだった。

このときのテストパイロットは、のちに毎日新聞社の「ニッポン号」世界一周飛行の際の機長として有名になり、戦後は羽田国際空港長にもなった中尾純利氏で、わが国におけるパラシュート脱出第一号となった。中尾パイロットは、このテスト飛行の前夜、パラシュートの折りたたみ方や脱出訓練など受けたばかりで、まことにきわどい命拾いだった。

三菱「隼」や川崎ＫＤＡ三型を抑えて制式となった中島九一式戦闘機。後の戦闘機設計を担う人々が競争試作に参加した。

　なにしろ雲中の事故なので事故原因はついに分からず、〝雲をつかむようなハナシ〟でケリとなった。

　川崎ではＫＤＡ三型戦闘機として三機を作り、二、三号機を審査のため所沢に送ったが、三菱隼の空中分解事故で飛行審査は一時ストップ、強度試験があらためて行なわれることになった。

　破壊荷重倍数十三（倍）と決められ、所沢の飛行船用格納庫内に三機をならべて主翼上に錘《おもり》をのせる強度試験をやったところ、三菱隼と川崎Ａ三型は九倍でこわれてしまい、中島機だけがかろうじてパスした。そこで、中島機だけが引きつづいて審査続行となり独走の形となったが、これもなかなかスンナリとはいかなかった。

時速四百五十キロでの急降下から引きおこしのとき、三菱隼と同じように主翼がふっとんでしまい、これまたパイロットはパラシュートで脱出するという事故がおこった。どちらも強度不足によるフラッター（ばたつき振動）事故だが、当時は飛行中の機体にどんな力がかかるのか研究がまだ進んでいなかったので、飛んでみなければ分からないという危険な時代だった。

このあと三年あまりもすったもんだの末、中島機が九一式戦闘機として採用になったのは昭和六年十二月のことだったが、事故の原因は翼をささえる支柱のうちの一本が車輪の軸から出ているめずらしい構造にあった。ところが頑固なフランス人マリーはどうしても設計変更を認めようとせず、彼が帰国したすきに副主任的な立場にいた中島の小山悌《やすし》技師が、オーソドックスな支柱形式になおしてしまったといういきさつがある。

いずれにせよ、小山悌、堀越二郎、土井武夫といった、のちに日本の戦闘機設計のリーダーとなる三人が、このころ外人指導のもとに第一歩をふみ出したことは興味ぶかい。

競争試作に敗れた会社はみじめだ。いまは工場がいそがしくても、つぎに作るものがなければ先行き不安でならない。何かやらなければ、というわけで、川崎ではKDA三型が絶望的となった昭和四年のはじめから自発的に新戦闘機の設計をはじめた。基本設計は八七式以来のフォークト博士だが、細部設計は川崎の若い技師たちで、もちろん入社三年目の土井もメンバーの一員だった。

まずシーメンス・ハルスケ空冷四百五十馬力エンジンをつけたＫＤＡ四型が計画されたが、具体的な設計に入る前に中止となり、ついで川崎で量産中のＢＭＷ六型五百馬力（水冷）をつけたＫＤＡ五型の設計に着手した。

昭和５年当時、世界で最優秀戦闘機といわれたイギリスのホーカー・フューリー。ＫＤＡ五型の速度はこれをしのいだ。

この飛行機では前作のＫＤＡ三型の失敗にこりて、それまで使っていたドイツのゲッチンゲン翼型をやめてアメリカのＮＡＣＡ（国立航空研究所）系の翼型を採用した。

昭和五年七月にＫＤＡ五型の第一号機が完成した。水平な上翼に対してわずかに上反角のついた下翼、シンプルな翼支柱、機首下面に胴体外板と一体のカバーでおおわれたシャッターつきの冷却器などが、ほどよいバランスと精悍《せいかん》な外見を形づくっていた。

飛行場にひきだされ、まぶしい夏の陽光のもとであらためて見るＫＤＡ五型第一号機の印象は、フォークト博士にとっても、若い技師たちにとっても、きわめて好ましいものであった。

照りつける太陽とムンムンする草いきれの各務原《かがみがはら》飛行

場で、KDA五型の操縦桿をにぎった最初の人は、陸軍をやめて川崎に入社したばかりの主任パイロット田中勘兵衛だった。期待と不安の入りまじる関係者たちの眼前をKDA五型はかるがると離陸した。そして、これまでになかった力づよい上昇力を見せ、夏空のかなたに飛び去った。

「うーん、すばらしいぞ」と、その機影を目で追いながら、土井たちはかつてない感動をおぼえた。いつの場合でも、でき上がった飛行機の初飛行は感動的なものだが、それが本格的に自分たちが設計に参加した最初のものだっただけに、感激もまたひとしおだった。

川崎技術陣の意気ごみをそのままに、KDA五型は、その後、試験飛行が進むにつれ、最大速度三百二十キロ時を出すなど優秀な素質の片鱗《へんりん》を示しはじめた。

これは当時、世界で最優秀戦闘機といわれたイギリスのホーカー・フューリー戦闘機の最大速度三百十キロ時をしのぐもので、こちらは最新の試作機、むこうはすでに実用化されている機体という割り引きはあるにせよ、ともかく世界の一流水準にたっしたことになる。

この好成績にフォークト博士をはじめ、みな大喜びで、「よーし、こうなったら、中島の戦闘機をしのいでやれ」「中島に負けたKDA三型の弔い合戦だ」などと、大いに気勢があがった。

さらにこの年の十一月、KDA五型はもう一つの記録をつくった。すみきった秋空に田中操縦士の乗る試作一号機はグングン高度をあげ、ついに一万メートルにたっし、当時のわが国における高度記録を達成したのである。

なにしろ酸素吸入器などなかった時代だったので、空気の稀薄な高空では酸素欠乏と体力との闘いだった。田中操縦士はみごとにこの試練に打ち勝ったわけだが、初体験の高空飛行は機体に思わぬ影響をもたらした。

記録を達成しておりてきた田中操縦士が、「原因はよくわからないが、八千メートルあたりから補助翼の操作がひどく重くなる」と訴えたことから、土井たちはいろいろ原因を考えてみたが、どうもよくわからない。

「高空では空気密度が小さくなるから、むしろ舵は軽くなるはずじゃないか？」

「それとも、操縦系統のどこかに不具合があるんじゃないか。とすると、八千メートル以下の高度でも同じ現象がおこるはずだ」

土井、井町、永野ら若手技師たちは、口々に原因について語り合ったが、そのうち誰かが「グリースがあやしい」と言い出した。なるほど、補助翼の取りつけ部のヒンジ（蝶番《ちょうつがい》）部には、動きをなめらかにするためにグリースがベットリ塗ってあった。普通の状態ではなんでもないが、気温がマイナス数十度にもさがる高空で果たしてどうかということで、さっそくグリースの超低温実験が行なわれた。結果は予測どおり、マイナス数十度では粘度《ねんど》が高くなってかたくなるか、凍結をはじめることがわかった。

その後、高々度飛行の際はヒンジのグリースをふきとって飛ぶことになったが、めったにそんな高空を飛ぶことがなかった当時としては、こんなことすら体験してはじめて分かったのだ。

テストパイロットの心意気

「好事魔多し」という言葉があるが、田中操縦士が太平洋と日本海を同時にながめた最初の男となっていくばくもない十一月末、KDA五型にとって初の事故が発生した。

試験飛行もだいぶ進み、試験項目も高等飛行に入っていたが、ある日、高度二千メートルで緩横転《スロー・ロール》をして回復したとき、田中操縦士はエンジン・カバーの前部から火がチョロチョロ出ているのに気づいた。

「やっ、空中火災か！」と、驚いてエンジンを絞り、急降下に入れて火を消そうとした。ところが、一千メートルで引きおこしたとたん、いったん消えたかに見えた火炎がふたたび出ているではないか。もはやこれまでと観念した田中は、パラシュートで脱出した。主を失った飛行機は、ゆるやかなダイブ姿勢で降下し、飛行第一連隊の裏山の畑地に墜落し、アコーディオンのように押しつぶされて大破してしまった。

せっかく好成績を示していた、たった一機しかない試作機が失われたことで、関係者たちの落胆は大きく、呆然として何も手につかないありさまだった。だが竹崎所長は、ただちに事故調査を命ずるとともに、放心状態の関係者たちをはげまして、すぐに第二、第三号機の製作にかからせた。

土井は設計関係者として事故調査委員の一人にえらばれたが、調査の結果、原因が思いがけないところにあることを知った。

ＫＤＡ五型に装着したＢＭＷ六型エンジンの気化器は、飛行機が背面姿勢になったとき（緩横転でもこの姿勢になる）、燃料が気化器の空気取入口にこぼれるため、火がつきやすいという欠点があったのである。だから、もし火炎を認めたときは、むしろエンジン全開で急降下《ダイブ》すれば、こぼれ出た燃料は空気取入口に吸いこまれて、火は自然に消えてしまう。だが、この事故では逆に、絞って急降下したためにふたたび火が出たのだった。

それにしても、酸素吸入器もなしに一万メートルの高空にあがったり、空中火災で当時としてはまれな落下傘降下をして〝飛び降り勘兵衛〟とよばれたり、田中操縦士はなかなかエピソードの多い人だったが、テストパイロットとして頭脳、伎倆《ぎりょう》ともにすぐれていたばかりでなく、きわめて思い切りのいい豪胆な一面もあった。それについて、こんなエピソードがある。

事故で失われた一号機にひきつづいて急遽、製作された二号機と三号機のテスト中の出来事だった。ＫＤＡ五型をなんとか陸軍に売りこもうとする川崎は、陸軍の関係者たちの前でさかんにデモンストレーション飛行をやった。とくに地上スレスレから急上昇して上昇力のすばらしさを見せたり、複葉機特有な特殊飛行《スタント》をやったり、田中操縦士の演出は、これでもか、これでもかと言わんばかりの猛烈かつ華麗なものだった。

このデモンストレーションが効を奏して、陸軍が乗ってきた。まだ中島の九一式戦闘機が制式採用になったばかりで、機種改変の必要もなかったのだが、ＫＤＡ五型にすっかりほれこんでしまった陸軍は、採用を前提として審査しよう、と言いだした。

「してやったり」と、田中勘兵衛は、フォークトと顔見合わせてニッコリしたが、これにはつぎのような偶然が作用したと思われる。

当時の戦闘機パイロットたちの複葉に対するノスタルジーもさることながら、高翼単葉の九一式戦闘機の操縦性にはクセがあったのだ。

全般的に舵がかるく鋭敏で、逆宙返りも可能なほど操縦性がよかった反面、水平錐揉《きりもみ》（フラット・スピン）に入りやすい傾向があった。水平錐揉みというのは、舵によるコントロールを失った飛行機が水平状態のまま竹とんぼのようにクルクルまわりながら落ちることで、九一式戦闘機のこのクセは、とうとう最後までなおらなかった。

飛行機が錐揉みに入ると、地面に向かって機軸を中心に螺旋《らせん》を描くように落ちて行くが、とかく頭上げの傾向があった九一式戦闘機は、錐揉みに入っても徐々に頭を上げてフラット・スピンになり、いったんそうなると回復がむずかしかった。なかには、フラット・スピンから最後までぬけきれず、水平に回転したままヘリコプターのように着陸してしまい、それ以来頭が少しおかしくなったパイロットもいたという。

四月初め、立川に空輸されたKDA五型は、そのすぐれた高性能ぶりを陸軍大臣の前で披露することになった。大臣の供覧飛行にさきだち、午前中、軍の関係者たちに高等飛行をやって見せたが、この日の田中操縦士の飛行ぶりは猛烈をきわめた。

七百五十馬力のBMWエンジンを全開してのパワー・ダイブから、地上付近でのはげしい引きおこし、そして急上昇、さらに上昇反転と、強力なエンジンと軽快な複葉の機体との組み合わせの魅力をたっぷり見せつけるようなデモ飛行ぶりは、見上げる軍関係者たちの間から思わずため息がもれるほどだった。

強度試験で十五倍までもった機体だから、よもや空中分解のおそれはないとは思いながらも、その猛烈な飛行ぶりはさぞや機体と田中操縦士に大きなGをかけているのではないか、と土井たちは気が気でなかった。静止状態での荷重試験と実際の飛行時にかかる負荷は決して同一ではない。また充分な強度規定などなかった当時としては、何が、どういうときに起こるのか、不安のタネはいっぱいあった。

果たして、土井の予感は的中した。飛行を終わって降りてきた田中操縦士の報告を聞いていた土井のところへ、職長の赤池某がソッとやってきて、二号機の主翼支柱を指さした。

何気なく飛行機のそばによってみると、支柱の中ほどが上下から力を加えられたように曲がっているではないか！　一瞬、土井はハッとして、自分の顔が青ざめていくのがはっきりわかった。翼組（上下翼の結合の仕方）は土井自身が強度計算をやり、図面をひいたものだったからだ。

「田中さん、これ……」

おそるおそる土井が言うと、はじめて気づいた田中も愕然とした。

「こりゃ、ダメだ。午後は飛べないよ」

「計算上は、あれくらいなら充分もつはずだし、強度試験だって異常なかったんだがなあ」

あきらめきれない土井は、あらためて強度計算書をあたってみたところ、ただ飛ぶだけならさしつかえないことがわかった。

「田中さん、この状態ではスタントはとてもムリだが、水平飛行だけなら何とかやれそうです。午後の供覧飛行をやめては今までの努力が水の泡だから、せめて飛ぶだけでも……」

申しわけなさそうに口ごもる土井へ、田中はキッパリと言った。

「よし、わかった。君を信用して、供覧飛行をやろう」

土井は救われたような気がした。これで最悪の事態は避けられる、と思ったからだ。しかし、このとき田中操縦士は悲壮な覚悟をかためていた。午後、いよいよ陸軍大臣の前で供覧飛行となった。飛行機が滑走を開始すると、土井は思わず拳《こぶし》をにぎりしめた。

「まちがいがなければいいが」と、心中ひそかに祈りながら見ていると、例によって力強い上昇を見せたKDA五型は、旋回してふたたび飛行場上空に進入してきた。土井たちの心配をよそに、その姿はいかにも颯爽《さつそう》としていた。

上空を高速で通過する機影を追って、人びとの頭がいっせいに左から右へ動き、これならまずまずと思われた瞬間、土井はドキリとした。おとなしい水平飛行だけという約束を破って、飛行機が急上昇に移ったのだ。そして、反転したと見るや、空中にみごとなループを描き、つづいて連続宙返りを打った。

「支柱が……支柱が……」

土井は同時に、この飛行に賭けた田中操縦士の決意のほどが、ズシッと胸にこたえた。いまにも空中分解するのではないか、とおそるおそる開けた土井の目に、依然として高等飛行をつづけるKDA五型の姿が映った。土井にとって、それは長い拷問のような時間だった。スロットルを絞った軽やかなエンジン音をひびかせながら飛行機が着陸してきたとき、はじめて彼は自分の心臓のはげしい鼓動に気づいた。

あとでこの支柱を荷重試験にかけて確かめてみたところ、これだけの負荷がかかるであろうという、そもそもの想定がまちがっていたことがわかった。不充分な強度のまま作られ、しかもそれをはっきり裏づける支柱の変形のまま高等飛行をやって飛行機がこわれなかったのは、決死の覚悟の田中操縦士をはじめ川崎関係者たちの、この飛行機に賭けた熱意を神が嘉《よ》みしたとしか言いようがなかった。

飛行機の設計では、規格や規定のあるなしにかかわらず、起こりうるあらゆる状態を想定して、充分に検査しておかなければならないことを、土井は身にしみて感ずるとともに、科学技術をこえた大いなるものの存在を信じないわけにはいかなかった。

もしこのとき、飛行機が事故を起こしたなら、会社の前途は当然、暗いものになったであろうし、その原因が土井の強度計算上のミスにあったということになれば、後年の名設計者土井武夫はなかったかもしれない。

大臣供覧飛行ののち陸軍は立川でKDA五型のテストをつづけたが、九一式戦闘機もあることだし、さし迫った必要性もないとあって軍の熱もさめたかに思われた。しかし、またしても川崎に幸運の女神がほほえんだ。

昭和六年九月、満州事変の勃発とともに陸軍は、戦闘機としてのKDA五型にふたたび熱を入れはじめ、この年の十二月、九二式戦闘機として制式採用した。ただちに川崎では大量生産に入り翌七年一月には、はやくも量産第一号機が完成、昭和八年十二月までの約二年間に、一型、二型合わせて三百八十機が作られた。これは九二式戦闘機よりも前から量産に入り、昭和九年二月まで生産された中島の九一式戦闘機の三百二十機より六十機も多い。

その理由は単に数字上の性能が九一戦を上まわっていただけでなく、クセがなく操縦のらくな点が陸軍パイロットたちに好まれたせいもあるだろう。ことにドッグ・ファイティング（格闘戦）における空戦性能は抜群で、ずっとのちまで戦闘機の空戦性能を語る場合に引き合いに出され、より高速の戦闘機を設計しようとする際に他社の設計者はもとより、土井自身を悩ますもとになった。

日英のかけ橋

昭和六年、KDA五型の作業が一段落したところで、フォークト博士は休暇をとってドイツに帰ったが、そのあとを追って土井もヨーロッパに渡った。彼の出張目的は、フォークトの会社であるドルニエ社の見学や、ひろくヨーロッパ諸国の進んだ航空技術を調査することだった。

スイスと国境を接する景勝の地ボーデン湖にのぞむフリードリッヒスハーフェンに滞在し

てドルニエ工場にかよっていた土井は、ある日、何気なくめくっていたドイツの工業雑誌に目あたらしい新型飛行機用降着装置の論文がのっているのを見つけた。読むほどに、その車輪のすぐれた点に気づいた土井は、これを書いたジョージ・ダウティに会うべく、すぐにイギリスに渡った。

たずねて行ってみると、ダウティはもとグロスター航空機会社の設計技師だったが、新機軸の降着装置と制動装置を考案し、友人と二人でビルの地下室の小さな事務所で、ささやかな事業をはじめたばかりだった。彼らは自分たちの製品を売りこむため、イギリスの各航空機会社をまわったり、工学関係の雑誌に論文を発表したりしたが買い手がつかず、会社は開業早々に倒産寸前に追いこまれている状態だった。

しかし、小さな会社であったが、技術者としてのダウティの非凡さとその製品の優秀さを見ぬいた土井は、すぐに日本に報告を送った。川崎としては、KDA五型を軍の制式にこぎつけるため、あらゆる技術的な努力を傾注している矢先だったので、土井の報告に応じて三機分六個の車輪がダウティ社に発注された。

これによって失意のどん底にあったダウティは、経営的にも精神的にも救われ、のちに彼のひきいる企業グループは、航空機部品だけでなく鉱業、農業、電気、水圧など各種機械製造などで有数の企業に成長して、一九五六年(昭和三十一年)には彼自身がナイト勲章を受けるまでになった。

ダウティ・グループの製品は日本でも数多く使われており、戦後に土井たちが設計開発に関係した国産旅客機YS11のプロペラもダウティの会社の製品であった。

昭和四十年、東京で英国工業博覧会が開催されたとき、はじめて日本にやってきたダウティは、三十四年前のことで土井に礼を言うため、わざわざ川崎重工岐阜工場をおとずれた。

このエピソードは、当時の新聞紙上を飾ったが、翌四十一年、ロンドンで開かれた世界宇宙航空学会に出席した土井は、チェルトナム市にあるダウティ社をたずねた。このとき、ダウティはロンドンから二百四十キロも離れたチェルトナムから自身でロールスロイスを運転し、ホテルまで迎えにきた。工場ではみずから案内に立ったり、盛大なレセプションを開くなど、土井夫妻をたいへん歓迎した。

耳よりなニュースとばかり取材にやってきたテレビ、新聞などの報道陣から、

「あなたは三十五年前、サー・ダウティがいまのように成功すると思ったか？」と聞かれた土井は、キッパリと言った。

「そんなことを、神でない私にわかるはずがない。ただ、当時われわれが開発中の新型機に彼の技術が最適であると考えただけだ。彼の成功は、彼自身の技術的先見性とヒューマニティーにあると思う」

チェルトナム市にあるそのダウティ本社の展示室に入ると、すぐ左わきに両社のきずなをむすんだ当時の車輪の実物と九二式戦闘機の写真などの展示にそえて、一枚のプレートがかけられている。それには「もしカワサキがなかったら、今日のダウティ社は存在しなかっただろう」としるされている。

イギリス人は頑固で、とっつきにくい、とよく言われる。しかし、いったん相手を信用した場合や受けた恩義にたいしては、とことん報いる義理がたい一面のあることを見逃してはならないだろう。

日本で川崎工場をおとずれ、イギリスにやってきた土井夫妻を歓待したダウティは、一九七二年（昭和四十七年）の会社創立四十周年を迎えるにあたり、同社の重役を日本に派遣して川崎重工に異例の感謝状を贈った。

最後の複葉戦闘機

話をふたたび戦前の昭和六年にもどそう。このころのドイツは、まだヒトラーが政権をとる二年前だったが、すでに無敵ドイツ空軍の胎動が着々とはじまっていた。その一つ、後年メッサーシュミットMe109をはじめとするドイツ空軍の主力機のほとんどに採用され、またこのドキュメントの主人公である陸軍三式戦闘機飛燕に採用された液冷エンジン「ハ40」の原型ともなった、ダイムラーベンツのエンジン試作が完成し、九月に初の試運転が行なわれた。ドイツ滞在中の土井に、見にこないか、との話があったが、当時エンジンではBMW社と深い関係にあった川崎の社員としては遠慮せざるをえなかった。したがって、ダイムラーベンツ・エンジンを日本が買うのは、もっとあとのことになる。

飛行機の設計製作の面でかずかずの功績を残し、フォークト博士が日本を去ったのは昭和八年夏だったが、この年の六月、陸軍から九二式戦闘機にかわるべき新型戦闘機として試作指示のあったキ5は、土井がフォークトといっしょに仕事をした最後の機体となった。

キ5は川崎造船所飛行機部としてははじめての低翼単葉機で、下方視界を良くするのと脚支柱を短くするため、主翼は手首をかえしたような、いわゆる逆ガル・タイプとした野心作で、プロペラもはじめて金属製三枚羽根を採用した。

キ5、社内名称KDA八型の第一号機は、昭和九年二月に完成した。しかし、計算では高度二千五百メートルで四百二十キロ時を出すはずだったのに三百八十キロ時しか出ず、低速時の横安定がきわめてわるかったのでテストは途中で中止され、不採用になってしまった。

土井としては設計主務者としてやった最初の仕事だったが、まだ空気力学の問題が充分にわかっておらず、それに陸軍のパイロットたちからは、「下方視界の悪い戦闘機など使いものにならん」と言われていたため、主翼つけ根付近の後縁をえぐったような形にしたことが横安定不良の原因だった。

速度不足の方は、設計の基本はマスターしたとはいえ、細部設計の未熟さがはっきりあらわれたためだったが、この失敗は土井が一人前の設計者として成長してゆく上に貴重な経験となった。

ちょうどこれより一年前、土井と同窓の堀越二郎も、設計主務者としての初仕事である海軍七試単座戦闘機を完成させたが、土井が川崎、堀越が三菱と会社こそちがえ、この二人の設計者がほとんど同じような構想で、外形も似た戦闘機を設計し、そして同じように失敗作となったのであった。

「今からみれば、何でこんな飛行機を、と思われるかもしれないが、こんな時代をへてキ28飛燕、五式戦（以上、川崎）、九六式艦上戦闘機、零戦（以上、三菱）などが生まれたのだ」と土井は語っているが、飛行機の安定性に大きな影響のある主翼と胴体の取りつけ部分に、空気の流れをなめらかにするための整形覆（フェアリングもしくはフィレット）をつけることを知ったのは、海軍が昭和八年、サンプルとしてアメリカから買い入れたノースロップ・ガンマ2E偵察爆撃機を見てからのことだった。

キ5は失敗に終わったが、ほぼ同じ時期に朝日新聞社の注文で作ったC五型高速通信機は大成功だった。キ5とおなじフォークト博士の指導を受けたが、設計主務者は内藤繁樹技師で、構造的にはほとんどキ5の大型化といえるものだった。

キ5より一ヵ月おくれて完成したC五型は試験飛行の結果もよく、この年の九月、朝日新聞社の「朝日航空躍進運動」の先駆として、これも不採用におわった高速偵察機改造の川崎A六型通信機とともに、一日で東京―北京間、大阪―北京間の日支連絡飛行を達成した。しかもこの帰路、C五型は北京―大阪間二千二百キロを無着陸で、わが国で最初の高速度無着陸長距離飛行をやってのけ、川崎設計陣の優秀さを証明した。

だが、技術力はあっても、工場でつくる飛行機がなければ会社はやっていけない。このころの川崎造船飛行機部は、昭和九年末に工場主脳部の異動があって、初代部長として大きな功績のあった竹崎友吉がやめ、またキ5試作戦闘機の不採用、前年に制式採用となった九三式単発軽爆撃機の生産打ち切りなどで、工場の空気は沈みきっていた。会社では工場の仕事を確保するため、機体側では三菱の九三式双発軽爆撃機を、エンジン側は三菱水冷七百馬力エンジンの転換生産をすることになった。

ところが、前にもふれたように各社まちまちの技術導入で、川崎はドルニエ式、三菱はユンカース式を採用していたため、金属製飛行機の規格が不統一で、リベットにいたるまで規格がちがっていたから生産は一向にはかどらなかった。

当然、会社は業績不振のどん底におちいった。そこで何とかしなければというとき、ふたたび陸軍から戦闘機競争試作の命令が出た。競争相手は中島で、軍は川崎にキ10、中島にキ11の試作番号を与えた。

フォークトは去り、こんどこそは本当に主任設計者として土井が一本立ちする最初の機会であっただけに、その責任の大きさが彼の心を重苦しくさせた。

木造建物の二階にあった神戸の設計室にはエンジンの方もいっしょで三、四十人いたが、土井は機体の設計者たちを集めて言った。

「君たちも知ってのとおり、今われわれの会社は経営的に苦しい情況に追いこまれている。だから、こんどの試作にもし敗れるようなことがあれば、われわれは飛行機作りを断念しなければならないだろう。私も非才だが、君たちと力を合わせてやれば何とかなる。われわれには、フォークト博士から受けついだ技術があるんだ。みんな、がんばろう」

土井武夫ときに二十九歳、大学を出て八年目の心身ともに充実しきっていたときだった。

中島のキ11が、アメリカのボーイングP26によく似た低翼単葉張線張りの形式で設計を進めたのにたいし、キ10（社内名称KDA九型）は前作の低翼単葉のKDA六型があるにもかかわらず、あえて古い複葉型式をえらんだ。

慎重に、慎重に——土井の心中には、たえずこの言葉のささやきがあった。

とかく飛行機設計者は新しいもの、斬新なものを追いたがる傾向があるが、土井は極力これをいましめ、成功した九二式戦闘機をベースとしてえらんだ。

しかし、当然のことながら、五年前に試作した九二式戦闘機とくらべれば、いたるところに相違と進歩向上があった。エンジンの出力が七百五十馬力から八百馬力にふえ、プロペラも木製二枚羽根から金属製の三枚羽根となり、胴体の断面も丸味をおびたものになった。外見上のもっとも大きなちがいは主翼だった。九二戦は上下の翼幅が同じで、翼の厚みも中央から翼端まで同じだったものを、キ10では翼端にむけて薄くし、翼幅も下翼を上翼より短くした。

「勇気をもって、新技術に取り組め。大事なことは、同じ失敗を二度くり返さないことだ」

形式こそ運動性、安定性を重視してより確実な複葉方式としたものの、そこにもりこむものは、やはり新しい技術でなければ性能の向上は望めない。土井はこう言って設計者たちにハッパをかけた。

会社をあげての熱意と、九二戦をはじめとする、これまでの設計経験を注ぎこんだ成果がみのり、軍から指示があってわずか半年後の昭和十年三月には、はやくも試作一号機が、その一ヵ月後には二号機が完成した。

川崎にくらべ余裕のあった中島は、フランス人マリー技師やイギリス人フリーズなどとの共同作業によってすっかり腕をあげた小山悌技師が主務となり、すでに社内で自発的に試作を進めていたPA実験機をベースにした試作機を作り上げた。

三月から四月にかけて、相前後して完成した両社の試作機は、審査のため立川の陸軍航空技術研究所に持ちこまれた。飛行場にならべられた両機は、たちまち陸軍パイロットたちの好奇のまなざしの的になった。一方は比較的角ばった複葉、他方は胴体断面も丸く張線を張った低翼単葉、そして液冷式エンジンと空冷式エンジンのちがいも外観上の差異をさらに大きくしていた。しかもキ11には、そのころからさかんに使われるようになった、エンジン周辺の空気の流れを整えるためのタウネンド・リングという円形のカバーがつけられていたことも、目あたらしい印象を与えた。

「なかなか、いいじゃないか。スピードも出そうだな」

「おれはいやだね。なんとなく危なっかしい気がするよ」

「なにを言ってんだ。これがこれからの戦闘機の主流になるんだ。今のうちにこういうのになれておかないと、使いものにならなくなっちまうぞ」

「スピードがなんだ。とどのつまりは格闘性能がモノを言うんだ。変に新しがっていると、そのうち泣きをみるぞ」

「とんでもない。いかにクルクルまわってみたところで、スピードのはやい飛行機はおとせんよ。手のとどきもしないところで、何をしようというんだ。貴様、古いぞ。ま、もうちっと勉強することだな」

あまりにも対照的な二機の試作機を前に、いつもくり返され、そして結論の出ない議論をパイロットたちはむし返すのだったが、新しいもの好きの彼らにとって、中島のキ11の印象はかならずしも悪くはなかった。

だが、実際に乗って飛んでみると、パイロットたちは、乗りなれた従来の操縦感覚にちかいキ10のほうを好んだ。スピードはさすがに低翼単葉の強味をみせて、二百五十馬力も出力の少ないエンジンをつけたキ11が勝ったが、パイロットたちが好む運動性や上昇性能では、キ10が優秀だったのだ。

そのうえ、キ11には単葉の低翼を支えるための張線が何本もあって、これが飛ぶたびに気味の悪いうなりを発することも、審査側にたいして損な印象を与えたようだ。

しかし川崎側としても、決して手ばなしで勝利を確信していたわけではなかった。途中の情報でキ11のスピードがキ10のそれを上まわると聞き、沈頭鋲《ちんとうびょう》の全面的な使用をはじめ、細部の空気抵抗の減少、重量軽減などの大幅な設計変更をやり、しかもたった三ヵ月で三、四号機を作り上げ、七月の競争審査に間に合わせるというはなれ業をやってのけた。

全社あげての必死の努力の末、立川に持ちこまれたキ10の三、四号機ではあったが、審査中にエンジンがしばしば故障して、立ち会っていた土井たちをキリキリ舞いさせた。キ10に装着されたエンジンは、それまでのBMW系にかわって新たに自社で設計製作された「ハ

9」（飛行機の機体の「キ」に対し発動機の「ハ」をとって順に番号をつけたもので、昭和七年ころから陸軍ではこの呼び方が使われるようになった）で、まだ実績のないエンジンだからムリもなかった。

エンジン関係者もまた、自分たちのせいで競争に負けたら申しわけない、とそれこそ不眠不休の故障対策と整備の結果が、川崎に栄冠をもたらした。

昭和十年九月、川崎のキ10が中島のキ11を破って九五式戦闘機に採用されたというニュースが伝えられたとき、経営者はもとより、工場の一工員にいたるまで会社中が歓呼にわき、株式市場では川崎の株価がはね上がった。

「これでまた飛行機の仕事がやれる」

土井はこみ上げてくる喜びとともに、新しい仕事への闘志が、体中にみなぎるのをおぼえた。

九五戦の採用によって、川崎の工場は機体もエンジンもその生産一本となり、閑散としていた工場に活気がよみがえった。量産第一号機は翌十一年二月にライン・オフしたが、半年後には主翼面積を三平方メートル増大し、胴体を三十五センチ延長して空戦性能を向上した九五戦二型にかわった。

九五式戦闘機の生産は一型が三百機、二型が二百八十機、あわせて五百八十機で、昭和十三年十二月までつづけられたが、十二年七月に勃発した支那事変では前線に出動し、のちに軍神とたたえられた加藤健夫少将（当時、大尉）も第五十九戦隊の中隊長としてこの九五戦で活躍した。

ところで、このころ外国でもソ連のイ15、イタリアのフィアットCR42、ドイツのハインケルHe52、イギリスのグロスター・グラディエーター、アメリカのグラマンF3Fなど、かなりの複葉戦闘機が使われていたが、世界の大勢はすでに低翼単葉の高速戦闘機時代に移りつつあった。

すなわち、九五戦が制式となった昭和十年（一九三五年）九月、海の彼方ではドイツのメッサーシュミットMe109が、さらに十一月にはイギリスのホーカー・ハリケーンが出現した。さらにアメリカでもセバースキーP35、カーチスP36などの低翼単葉引込脚の戦闘機が制式となり、翌十一年三月にはイギリスでスーパーマリン・スピットファイアがハリケーンを五十キロ時も上まわる五百六十キロ時の最高速度を記録し、速度が五百キロ時台の近代的戦闘機の時代を迎えようとしていたのである。

しかし、まだ引込脚の経験のないわが国では、低翼単葉には異存がないとしても、引込脚については機構上の不安や引込機構の重量増加が、果たしてそれに見

昭和10年9月、陸軍に採用された川崎の九五式戦闘機。主任設計者だった土井は慎重を期して、複葉型式をとりいれた。

合うだけの空気抵抗の減少による速度増加をもたらしてくれるかどうかといった迷いから、もうひとつ踏み切れないものがあった。そうした迷いが、九五式戦闘機のつぎの競争試作にあらわれていた。

世界の大勢からして、九五戦がいかに速度と格闘性のほどよいバランスをもった戦闘機ではあっても、しょせんは過渡的な存在に過ぎないことは、軍も会社側の技術者たちもよく知っていた。だから九五戦が採用になって三ヵ月後の昭和十年末、陸軍ははやくも次期戦闘機の試作を、川崎、三菱、中島の三社に内示した。

陸軍が示した試作機の要求性能は、招聘《しょうへい》した外人技師たちの技術を充分に吸収し、ようやく列強のレベルに手がとどこうとしていたわが国の戦闘機設計者たちにとって、それほど困難なものではなかった。

土井たち川崎の設計陣が担当した、九五式戦闘機の前身であるキ10の試作一号機が完成したころ、三菱では土井と同窓の堀越二郎が主務となって設計し、のちに九六式艦上戦闘機となった九試単戦（九試とは昭和九年試作という意味）が完成したが、この九試単戦のテスト飛行はキ10と同じ陸軍の各務原飛行場で行なわれた。どちらの会社も、工場に隣接したテスト用の飛行場をまだ持っていなかったためである。

元来、ライバルの会社間にあっては、たとえ飛行場であっても他社の飛行機に近づくことはもとより、技術者同士の私語も許されない、というのが当時のムードであり、まして陸軍機と海軍機とあっては、たがいの技術交流などもってのほかのはずだった。

しかし、土井と堀越は大学同窓のよしみもあってそうした垣にとらわれず、顔を合わせるたびに、「君のところはどうなってる?」「うちはこうやっている」といった具合に、たがいに情報を交換していた。

九五式戦闘機が採用となって3ヵ月後に、陸軍ははやくも次期戦闘機の試作を、川崎、三菱、中島の3社に内示した。写真は、そのときの候補機で、上より中島のキ27〈社内呼称PE実験機で九七式戦闘機の原型となった〉、川崎のキ28試作2号機、三菱のキ33試作1号機〈のちの九六艦戦の陸軍型〉

キ28が低速時の翼端失速に悩まされていたとき、キ33では主翼に二度四十分の捩《ねじ》り下げをつけていることをそっと教えてくれたのも堀越で、このおかげでキ28の翼端失速の傾向はなおった。

こうして二人は、それぞれの飛行機を見せ合い、また将来の戦闘機の動向について熱心に語り合った。土井と堀越は、この試作機の前にそれぞれ似たような低翼単葉の戦闘機を設計したが、それぞれの社内事情のちがいから引きつづき低翼単葉で進んだ堀越にたいし、一歩後退した複葉機としなければならなかった土井には、三菱の余裕がうらやましかった。

九試単戦は、その外見がスマートだったばかりでなく、飛行ぶりもあざやかだった。海軍のテストパイロット小林淑人少佐はイギリス留学の経験がある紳士で、土井は小林少佐と堀越を岐阜の長良川ホテルに招き、食事をともにしたこともあった。彼らは、これからの戦闘機はどうしてもスピードを第一としなければならない、という点で意見が一致したが、日本陸海軍の戦闘機にたいする考え方は、彼らの希望にもかかわらず格闘性能重視が大勢を占めていた。これがのちに、速度と格闘性のバランスにおいては世界最高ともいえる陸軍の隼や海軍の零戦を生むことにつながるのだがそのバランスをどの辺におくかという設計上のちがいが、昭和十年度の陸軍戦闘機の競争試作における三社の試作機にあらわれていた。

すなわち、中島、三菱が格闘性に重点をおいたのにたいし、川崎はスピードと上昇性能を重視した。この結果、川崎のキ28は不採用となったが、土井にはキ28が戦闘機として欠陥があるとは、どうしても考えられなかった。

九六艦戦、九七戦、キ28の比較

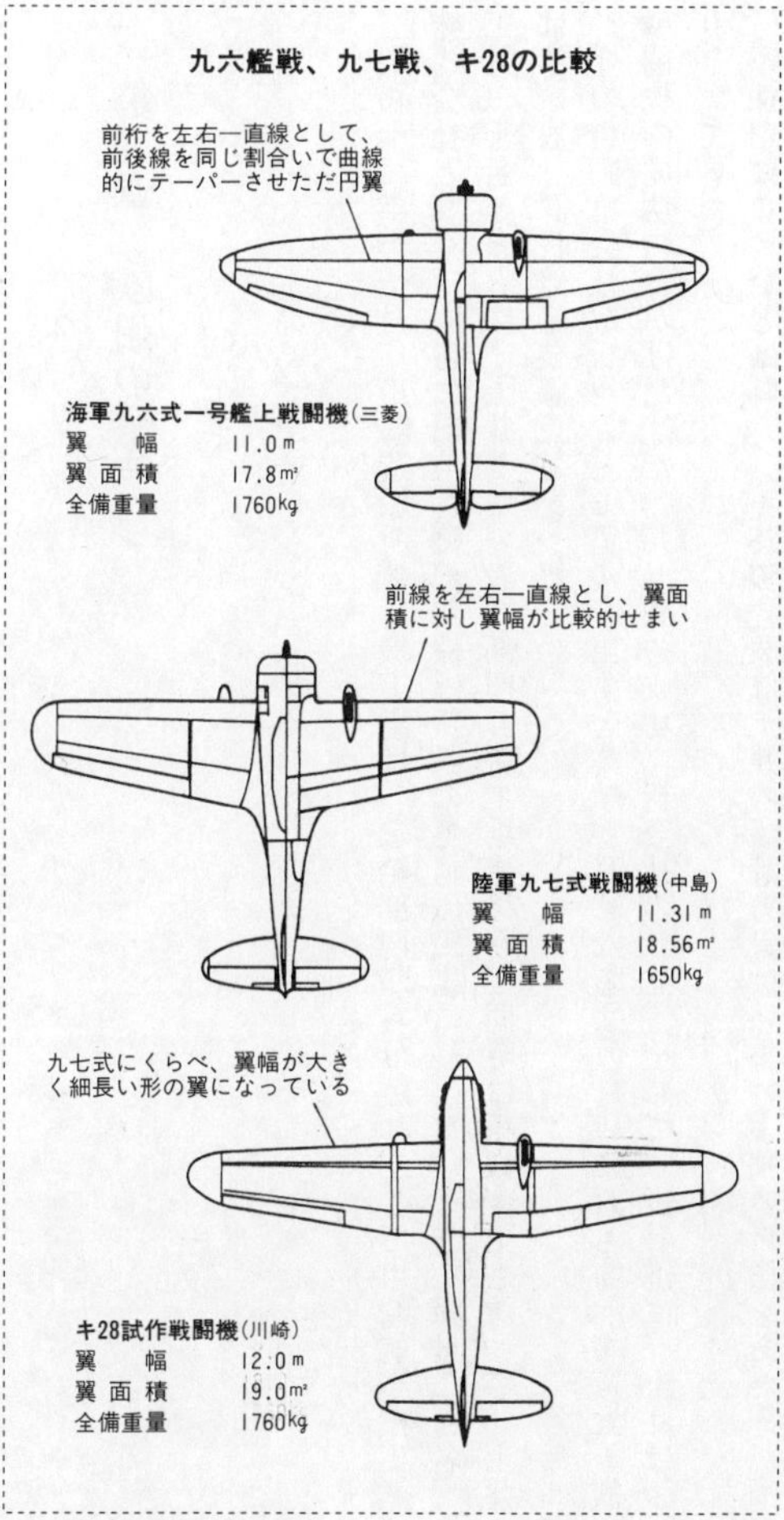

九七戦の旋回性に対抗するため、九五戦は空気抵抗を極力へらし、旋回性はそのままで最高速度は九七戦と同じという、複葉戦闘機の極限にちかいものを作ってみた。だが、どうあがいてみたところで、これが今後の戦闘機の主流となるはずはなかった。

第二章　欧州の余波

ドイツのエンジンを購入

昭和十二年十一月、川崎造船所飛行機工場は、造船部門から分離独立して川崎航空機工業株式会社となり、同時に旧飛行機部関係は新設の各務原《かがみがはら》工場に移った。そして職員二百名、工員一千名とともに、土井たちの設計部門も新工場に移り、同時に組織変更もあって、土井は第一設計課長兼艤装《ぎそう》課長となった。

今の自動車会社がヒット・モデルを出すと業績が良くなるように、これもすべて、九五式戦闘機の成功のおかげだった。九五戦の成功、新会社の設立、そして課長昇進に、土井は張りきっていた。

不採用になったとはいえ、キ28の経験は土井の設計方針にいよいよ強い自信をあたえた。しかし、土井の自信をあざ笑うかのように、キ28のつぎに井町、太田技師らが主となって設計したキ32（九八式軽爆撃機）は制式採用となったが、エンジンの振動で悩み、同時に採用になった三菱の九七式軽爆撃機より多く作られたにもかかわらず、陸軍をして液冷エンジンの将来に見切りをつける結果となってしまった。その影響で、つぎに設計したキ45（のちの二式複戦「屠龍」）とキ48（双発軽爆撃機）は、いずれも他社製の空冷エンジンをつけることになった。

経験の薄い空冷エンジンのため、カウル・フラップ（エンジン・カバーの周辺につけられた冷却空気の量を調節する小片）を上面につけたがナセル付近で失速が起こり、飛行機がどうしても上にあがれないといった失敗をくりかえしながらも、これまで手がけてきた液冷エンジンへの未練をたちきれなかった土井や、エンジン側の林貞助、田中英夫技師らは、前面面積あたりの出力がすぐれている液冷エンジンの利点をさらに倍加するため、二台のエンジンを縦にならべる双発戦闘機の開発や、空気抵抗の少ない冷却器の装着法などの研究をひそかに進めていた。せっかくエンジン部門がありながら、他社の空冷エンジンを生産することは、これまで日本で唯一の液冷エンジン・メーカーとして生きてきた会社として耐えられないことでもあった。

川崎側のそうしたかくれた努力を裏書きするかのように、欧米各国がこぞって新しい液冷式戦闘機を採用しはじめ、しかも友好国であったドイツのメッサーシュミットＭｅ109のスペイン内乱での活躍が報じられると、いったん大出力エンジンは空冷一本で進むことに決めた陸軍部内に動揺が見られた。

メッサーシュミットＭｅ109のエンジンは、液冷のダイムラーベンツＤＢ601で、このエンジンは、前にも述べたように土井が昭和八年にドイツに行ったときに初の試運転が行なわれたものである。どちらかといえばオーソドックスなBMWエンジンにたいし、ダイムラーベンツは、燃料噴射や軸受にローラー・ベアリングを使うなど、新しい行き方で高性能を誇っていた。

そこで、液冷エンジンをまったく持たないことに不安を感じた陸軍は、昭和十四年にその製造権を買って、液冷エンジンに経験のある川崎に製作させることにした。だが、ここでダイムラーベンツの技術導入をめぐって、はからずも日本陸海軍の対立が浮き彫りにされ、それがドイツ側にも知れて彼らの嘲笑をかう結果となった。

これは、陸軍より先に海軍がダイムラーベンツに目をつけ、そのライセンスを買って愛知機械に製造させようとしていたことに端を発した。ベルリンの陸軍武官室を通じてこの申し出を受けたドイツ空軍省とダイムラーベンツ社は、すでに日本海軍にライセンスを売ってあるから、そちらからゆずってもらうようにしてはどうか、と親切にも忠告してくれた。それもそうだ、と現地では納得し、さっそく日本のそれぞれの航空本部にこの旨を伝えたが、かんじんの中央では話がつかず、結局は陸海軍とも別々にダイムラーベンツ社から製造権を買うことになってしまった。

この金額が当時の金で一件あたり五十万円、陸海軍合わせると百万円（現在の金で約百二十億円）となり、たいへんな国費のムダ遣いをやったことになる。

ダイムラーベンツ社は、「同じ日本に二度もライセンス料を支払わせるのは商業道徳に反するから」といったんは辞退しているし、ヒトラー総統は「日本陸海軍は、かたき同士か」

といって、その仲の悪さを笑ったという。

そのヒトラーが、「余はこの場からただちに第一線に出動する。余もし戦死せば、ヘスが余にかわれ。ヘス倒れればゲーリングこれにつづけ……」と絶叫して、ドイツ軍がポーランドに進撃を開始したのを、ベルリン郊外のダイムラーベンツに派遣されていた川崎の技術者たちが聞いたのは、昭和十四年（一九三九年）九月一日のことだった。そして三日には、イギリス・フランス両国が、ドイツに対して宣戦布告した。

「たいへんだ。世界大戦になるぞ」「ドイツから無事帰れるのか」「ドイツの機密を持っていて、臨検を受けたら、つかまっちまうぞ」

山崎精団長を中心に集まった川崎派遣団の技術者たちは、

巨額の国費を投じて陸海軍が製造権を手にしたダイムラーベンツＤＢ601発動機。上は前方、下は後方。

時ならぬ大戦の勃発に興奮気味で語り合ったが、とりあえずダイムラーベンツ・エンジンの最高機密ともいうべき燃料噴射ポンプを、八巻信郎、田中英夫両技師が持ち帰ることになった。しかし、出港地であるナポリまでは中立国スイスと友好国イタリアを通るからいいが、それから先はどうなるのか、まったく予断を許さなかった。

「どんなことがあっても、これだけは持ち帰ってくれよ」と山崎団長から命じられた八巻、田中の両人は悲壮だった。最悪の場合を覚悟して、彼らは軽い小さなトランクを手に入れ、やっとの思いで噴射ポンプとその説明書をつめ込んだ。このポンプは実用段階に入ったものとしては、当時世界でただ一つという、きわめて貴重なもので、ドイツ空軍の機密品だったから、税関でシールしてもらうまでがひと苦労だった。

困難は、それだけではなかった。開戦と同時に、川崎派遣団員たちのビザと外貨信用状も失効してしまったからだ。しかし、この方は、あとの船便待ちでベルリンにとどまる僚友たちの手持ち外貨を残らずカンパしてもらい、ナポリまでの旅費を工面することができた。また、さいわいなことに大島駐独大使からイタリアのドイツ大使にあてた「箱根丸」乗船依頼状が手に入り、物資統制、灯下管制下の戦時色みなぎるベルリンを去ったのは九月七日の夜だった。

ナポリまでの汽車の道中は何事もなく、なつかしい故国の船「箱根丸」に乗りこんだときには、二人とも「これで日本に帰れる」と、ひと安心した。しかし、その安心もつかの間、船がマルセイユに寄港したとき、またしても二人は胆をひやさなければならなかった。ドイツと友好関係にある日本の船とあって、フランス官憲の厳重な臨検にあい、とくにドイツ出国者にたいしては、まるで犯罪者あつかいのようなきびしい荷物検査が行なわれたからだ。

フランスの検査官たちの調べが進むにつれ、二人は青くなった。

「どうしよう。これじゃ噴射ポンプは見つかってしまうぞ。これを没収されたら、ダイムラーベンツの国産化は大幅におくれてしまう。命にかえても守りとおさなくては……」

「そうだ、船長にたのんでみたら……」

「それはいい考えだ。それしか方法はない。しかし、承知してくれるかな?」

当たって砕けろとばかり、二人は船長に事情を話して燃料ポンプの保管をたのみこんだ。だが、船長は、「お話はよくわかるが、しかし、そんな重要なものについては、責任を負いかねる。もし発覚した場合、大きな国際問題となるおそれがあるから」と言って首を横にふった。

船長たのむに足らず。その苦しい立場もわかるが、といってこのままでは、噴射ポンプはみすみす没収か、海中にでもほうりこまなければならないだろう。二人は焦った。フランス官憲の荷物検査は進み、彼らの順番が刻々近づいてくる。

と、そのときだ。大角岑生《おおすみみねお》海軍大将の一行が同船していることに気づいた。そこで天の助けとばかり、大角大将の副官に泣きついた。八巻たちの真剣な訴えに、その副官はキッパリ答えた。

「よろしい。引き受けよう。その荷物は大角閣下のベッドの下に入れる。どんなことが起ころうとも、帝国海軍の威信にかけて、外国人には手出しはさせない。安心したまえ」

この言葉に、八巻と田中の二人は狂喜した。ダイムラーベンツ燃料噴射ポンプ第一号は、こうして大角大将のベッドの下にかくまわれ、約八十日間のながい航海の末に無事日本に着いた。

重戦は世界の主流

ドイツ軍のポーランド侵入、英仏対独宣戦を契機に、世界情勢は急激なテンポで展開しはじめた。圧倒的に優勢な空軍と装甲部隊を主力とするドイツ軍の快進撃に、ポーランド軍はひとたまりもなく崩れ去り、はやくも九月十日にはドイツ軍は、ポーランドの首都ワルシャワに迫った。

あまりのドイツ軍の強さ、逆にポーランド軍のもろさにびっくりしたのは、イギリスとフランスだけでなく、日本とノモンハンで争っていたソ連も同様であった。ヒトラーとのポーランド分け取りの密約にもとづき、ポーランド攻撃を決意したスターリンは、東洋における日本との紛争にカタをつけるべく九月十六日、休戦条約に調印、そして翌十七日にはポーランドに侵入するというあわてぶりだった。

日本は、いちはやく「欧州戦争不介入」を声明したが、ドイツ軍のおどろくべき強さは日本の軍部、とくに陸軍を刺激し、ドイツと手を結べという意見が強くなった。いわゆる「親独派」の台頭で、このあとわが国は急激にファッショ全体主義体制へと傾斜してゆくことになるのだが、ドイツ空軍の活躍はこれまでとかく格闘性能一点張りの軽戦至上主義だった軍部に反省をあたえた。

ドイツ軍のポーランド進攻と共に始まった２次大戦直前、陸軍の次期戦闘機として試験飛行を行なった一式戦闘機「隼」。

これより先、この年の春には、従来の格闘性能を保持しながら速度を向上させるという、きわめて欲ばった、考えようによっては中途半端な軍の要求にもとづく戦闘機の試作が、陸海軍ともに完成していた。

陸軍は中島のキ43（のちの一式戦隼）海軍は三菱のA6M1十二試艦上戦闘機（のちの零戦）が、それぞれ試験飛行を開始していたが、格闘性と速度という相矛盾する要求の谷間にあって両社の設計者たちは焦燥の日々を送ることになった。しかし海軍よりもはやく重戦の必要性に気づいた陸軍は、この年の夏には、参謀本部も重戦指向を決めた。

中島ではキ43にやや遅れて、爆撃機用の大きなエンジンを積み、翼幅を十メートル以下におさえた典型的な重戦キ44（のちの鍾馗《しょうき》）をすでにスタートさせていたが、翌昭和十五年五月に陸軍航空技術研究所を通じて各社に内示された試作計画では、多くの重戦の試作が打ち出され、軍の軽戦ばなれの意向がはっきりあらわれていた。

このときの試作計画はキ60重戦、キ61中戦（いずれも川崎）、キ62軽戦、キ63重戦（いずれも中島）、キ64重戦（川崎）、キ65重戦（三菱）、キ66急降下爆撃（川崎）、キ67重爆（三菱）にはじまり、キ82遠距離戦闘機（三菱）にいたる二十四機種という、おどろくべき数だった。途中でやめたり、計画だけにおわって実機をつくらなかったものも多かったが、川崎では割りあてられた六機種のうち一機種をのぞき全部試作した。

それにしても、まるで歩兵部隊を編成するような安直さに見受けられ、軍当局者の飛行機開発にたいする認識不足にはおどろかざるを得ない。

欧州戦勃発に先立つ昭和十四年、陸軍航空技術研究所は次期戦闘機に予定されていたキ43がまだ試験中だったにもかかわらず、内外の急激な情勢の進展に対応すべき将来戦闘機計画の参考にするため、各飛行機メーカーを歴訪して技術者たちの意見を求めることにした。

川崎へは、六月と八月の二回にわたって視察が行なわれたが、その際、土井、井町両技師から陸軍側につぎのような計画案の説明があった。

イ、フォッカー（オランダの双発戦闘機）形式のタンデム（縦に前後に二基のエンジンを配する）型双発重戦もしくは無尾翼式双発機

ロ、コントラ・プロペラ（一軸中心上で二個のプロペラが互いに反対方向にまわる）つきの特殊戦闘機

ハ、キ28をベースに翼面積を小さくして引込脚とした重戦
ニ、九五戦をベースとし、馬力向上および引込脚とした軽戦
使用エンジンは、いずれもドイツのダイムラーベンツＤＢ601

昭和14年、中島が開発を始めた本格的な重戦キ44(のちの「鍾馗」)。翼幅は短く、爆撃機用の大きなエンジンを搭載した。

これにたいし、軍側からは、いくらなんでもいまさら複葉に逆もどりは消極的だから、最後の案は再検討するようにとの指示があったが、土井としては軍の意向をさぐる意図をもった発言だったので、むしろ思うつぼだった。これで複葉への迷いはすっかりふっ切れて、低翼単葉一本へハラが決まった。

そしてさらに研究の末、翌十五年一月、社内呼称Ａ20重戦とＡ21軽戦の二種を陸軍に報告した。これが陸軍の機体番号キ60およびキ61で、キ60はキ28の、キ61は九五戦のあとがまとなる機体だった。

なお、キ61には中戦という名称がついていたが、これは軽戦でもなければ重戦でもない、その中間的な性格の戦闘機という意味である。いまだに軽戦にたいする未練をすてきれない軍の一部に対する思惑が、こうした呼び方を生んだといえよう。

キ60およびキ61の設計は同時にスタートするはずだったが、第二次大戦の勃発によってダイムラーベンツ・エンジンの川崎への割りあてがわずか四基となり、やむをえず重戦のキ60にふり向けられることになった。試作予定はキ60が三機、キ61が四機だから、キ61にたいしては三菱製ハ21イスパノ21YC機関砲付液冷エンジンを使うよう、軍から要請された。

川崎では機体への装着法について検討したところ、冷却器の空気取入口の位置が不適当であるという意見が設計側から出た。そこで三菱と改修についての話し合いが行なわれたが、意見が折り合わず難航し、ひとまず重戦の方から手がつけられ、キ61にはダイムラーベンツDB601を国産化して「ハ40」と名づけられる予定のエンジンを使うことになった。

中島が軽戦であるキ43を本命として先行し、あとから重戦キ44をやったのにたいし、川崎が重戦キ60を先行したのは、こうしたいきさつによるもので、先行き不安の多いスタートだった。

昭和十五年(一九四〇年)二月、正式にキ60およびキ61の試作指示が出されたが、入手できるダイムラーベンツ・エンジンの数の問題で、オリジナル・エンジン四基のうち三基はキ60に、残る一基は高速度研究機キ78に使われることになった。

キ78は陸軍が時速七百キロ級をねらって計画した高速小型研究機で、「研三」ともよばれた、まったく純粋な研究機だった。基本的な設計および研究は東京帝大航空研究所がやり、実機とするための設計は川崎で、土井の二年後輩にあたる井町勇技師が担当した。これは前年の一九三九年三月と四月に、ダイムラーベンツDB601をつけたドイツのハインケルHe112

Uとメッサーシュミット Me109R速度研究機が、それぞれ時速七百四十六キロおよび七百五十五キロという世界速度記録をつくったのに刺激されたものである。

さらにもう一つ、軍に示した双発タンデム・エンジンとコントラ・プロペラ（二重反転プロペラとよばれる）によるキ60を、さらに上まわる最高速度六百五十キロから七百キロをねらった重戦も設計することになり、これにも軍からキ64の機体番号があたえられた。

次期戦闘機にたいし、軍がどういう動きをするのか、この時点での予測は、まだむずかしかった。キ60程度の重戦でいいのか、あるいはもっと速度を要求する徹底した重戦となるのか、逆に軽戦に後退するのか、設計の責任者として、土井は会社経営の浮沈にかかわる決断を迫られた。しかし彼は、一発勝負の博打《ばくち》はさけた。軽戦から超重戦にいたるまで広く網を張っておき、情勢を見ながら本命を決めていこうという彼一流の深謀遠慮の道をえらんだ。

土井は設計課長として、これら設計の全部を見ることとし、キ60にたいしては清田堅吉技師、キ61は大和田信技師（現千葉大学教授）、キ64は北野純技師、キ78には前述の井町技師をそれぞれ土井を補佐する副主任とし、大車輪の設計作業がはじまった。このほかにも双発戦闘機キ45や九九式双発軽爆撃機キ48の作業も残っており、本館三階の広い設計室は、図面をひく者、ガラガラチンと計算器をまわす者、深刻に考えこむ者など、それぞれの作業に打ちこんでいる姿であふれていた。

土井は午前と午後の二回、かならず設計室を見まわった。

土井課長の見まわりは、技師や製図手たちにとっては脅威だった。彼らのわきに立ち止まった土井は、製図台をのぞきこんで丹念に見たあげく、「ここは、こうなおしなさい」と言ってやりなおしを命ずる。耳にはさんだ赤鉛筆で容赦なく図面上に書きこんでしまう。しかもそれがドイツ語だ。赤鉛筆だから消しゴムでも消えない。

「チクショー、やんなっちまうな」と、去って行く課長の後ろ姿にぼやいてはみるものの、結局はじめから書きなおしとなる。かつてフォークト博士から受けたやり方で、土井もまた後輩たちにきびしい指導をしていたのだ。

土井は話しぶりがやさしく、大声でどなるといったこともほとんどなかったが、仕事にたいしては厳格だった。彼の出勤は早く、いつも始業三十分から一時間前には仕事場に入っていた。

「ブーチンじゃ、いい仕事はできない」というのが土井の口ぐせだった。ブーチンとは、始業サイレンのブーとタイム・レコーダーのチンをもじった合成語で、サイレンと同時にかけこむような所業をいましめ、自分が率先して模範を示していたのである。

だが、きびしいだけでは部下はついてこない。酒に強い土井は岐阜・柳ヶ瀬を縄張りによく飲み歩いた。そこで風呂がえりの若い技術者たちに会うと「オイ、飲みにいこう」と、有無を言わさず引っぱっていってしまう。しかもはしごで、簡単には離してくれない。土井には逆立ちの特技があったが、酔うとバーだろうとキャバレーだろうと、ところかまわずこの隠し芸が出た。逆立ちだけではない。まともに立って歩く方、つまりダンスもうまかった。

土井と同窓の木村秀政博士のダンスは有名だったが、土井のダンスもヨーロッパ仕込みのなかなかのものだった。そのダンスにまつわる忘れがたい思い出が彼にはある。

　土井が手がけた飛行機は、九二式戦闘機にはじまり終戦までに二十一機種の多きにのぼったが、昭和十五年九月に設計をおわったキ56もその一つだった。

昭和15年、陸軍が時速700キロをねらって計画した高速小型研究機「研三」。兵器として採用しない純粋な研究機だった。

　キ56は、当時ダグラスDC3とともに大日本航空で使っていたロッキード14スーパーエレクトラの胴体を一・五メートル延長して貨物輸送機としたもので、のちに太平洋戦争で落下傘部隊の使用機となった機体だが、もともと旅客機だから内部はかなり広い。十一月に完成した一号機を立川に空輸するとき、土井も同乗して行くことになった。

　天気はよし、快適な飛行である。広い貨物室のフロアで、土井は機上のダンスとばかりステップをふみはじめた。ところが、箱根上空を通過したと思われるころ、大地震のようなはげしい機体の振動が突然はじまり、土井の体をゆすぶった。

　びっくりして窓外を見た土井は、顔色を失った。片側のエンジン・ナセル（エンジン覆い）を突き破って、シリンダーの頭が出たり入ったりしているではないか。

彼がいい気分でステップをふんでいる間にエンジンが故障してこわれたのだ。すぐ故障エンジンは停止されたものの、フル・フェザリング装置（プロペラのピッチをゼロにして羽根を風の方向と平行にする装置）などない時代だったから、風車になったプロペラでエンジンがムリにまわされ、折れたクランク軸がピストンごとシリンダーの一個を突き上げる。そのものすごい振動で、土井の目はグルグルまわった。

天下の嶮、箱根上空をこえるにはこえたが、片発でスピードが極度におちた飛行状態で突風にでもあおられたら、たちまち安定を失って墜落はまちがいない。それより先に、ひどい振動で空中分解してしまうかもしれない。

「もうだめだ。機上でダンスなどと浮かれていた罰だ」という後悔とともに、幼いころからのさまざまな出来事が目まぐるしく浮かんでは消えた。だが、突風も空中分解も起こらず、飛行機は盛大な貧乏ゆすりのままグライディング（滑空）状態で立川飛行場に滑りこんだ。

この体験により、土井は設計者が乗ることのない単座戦闘機のテストパイロットの危険と苦労を思い、設計はいやが上にも慎重万全を期さなければならないことを肝に銘じた。

万能戦闘機の誕生

はじめの計画はキ60を十二月末、キ61を翌十六年六月、つづいてキ64を十六年十二月に、それぞれ試作第一号機を完成させる計画であった。中島がキ43とキ44のうち、軽戦であるキ

43を先行したのにたいし、川崎が重戦キ60から手をつけることにしたのは、この方が戦闘機の主流であると考えたからであるが、それ以上に、土井をはじめとする川崎設計室の統一された戦闘機哲学というものがあったからだ。当時、土井課長からキ61の設計副主任を命じられた大和田信技師は、こう言っている。

『戦場にあらわれる敵機の種類は多種多様である。だが、戦闘機はいかなる敵機に対しても有利に戦い、これを撃墜し、制空権を確保できるものでなければならないことは当然だ。

この考え方からすれば、戦闘機を重戦と軽戦とに、はっきり区別することは不可能なことである。この事実は戦争の推移とともに明らかにされたところだが、戦闘機は結局、速度、上昇力、急降下、急上昇、軽快性などの総合性能で敵機に優るものでなければならないし、強力な火力と適当な装甲と必要な航続性能とをもつものでなければならない。「戦闘機はあくまでも戦闘機であって、これを重戦、軽戦に区別するのは不合理だ」という考えは、飛燕完成の総指揮者土井武夫氏は勿論、われわれ設計担当者たちの確固とした持論だった』

すべての敵機を撃ち破るのが、真の戦闘機であるとする川崎設計室の考え方からすれば、ヨーロッパにおける電撃戦で、あらゆる敵空軍を撃破したドイツ空軍のメッサーシュミットMe109は、魅力的な戦闘機であった。キ60やキ61の設計に際して、同じダイムラーベンツ・エンジンをつんだMe109が頭にあったとしても不思議ではない。

しかし、そのMe109は遠いヨーロッパの戦場にあり、設計についても活躍の実態についても、本当のところは誰も知らなかった。

話がやや前後するが、大戦開始後のドイツ空軍の目ざましい活躍やハインケルHe112U、メッサーシュミットMe109Rなどの速度記録飛行などに強く刺激された陸軍は、軍民共同の視察団をドイツに派遣することを決め、信濃陸軍中佐を団長に落合少佐、安藤陸軍技師、それに川崎の太田（キ32設計主任）、北野（キ64設計主任）、永留（エンジン）技師ら六名がえらばれた。

一行の目的は、ドイツ航空工業の大量生産方式の調査、メッサーシュミットMe109およびMe110（双発戦闘機）の研究と購入などで、昭和十四年末からおよそ一年間滞在し、メッサーシュミット工場で調査をしたり、ドイツおよびイタリアの飛行機やエンジン工場、空軍基地などを見てまわった。この間に、Me109の購入も決まり、太田技師らが帰ってきたときには、すでにキ60、キ61の作業はスタートし、兵庫県明石のエンジン工場では、DB601エンジンを国産化した「ハ40」の各種試験や耐久運転が、昼夜兼行で行なわれていた。

「盟邦ドイツ空軍強し」の声は、陸軍部内はもとより日本国内にみちみちていたが、実は太田技師らが滞在中に、ドイツ空軍にとって最初の挫折がはじまっていた。いわゆる「英国の戦い」――バトル・オブ・ブリテンがそれで、ドイツ空軍はイギリス戦闘機隊の果敢な迎撃の前に甚大な損害をこうむり、空軍総司令官ゲーリングにたいするヒトラーの信任を危うくするほどの打撃を受けたのだ。その最大の原因は、ドイツ空軍の主力戦闘機メッサーシュミットMe109の性能にあったが、これは必ずしもよく言われているようにイギリス空軍のスピットファイア戦闘機の格闘性能がMe109のそれを上まわっていたせいではない。公平なところ、この両機の〝強さ〟は互角であった、と言えるのではないか。ただ惜しむらくは、陸上部隊の支援を目的としてつくられたMe109は、爆撃機に随伴してイギリス本土上空に進攻するには航続性能が不充分であった。

速力と格闘性のバランスに加え、爆撃機をしのぐ航続力をもった万能戦闘機零戦。土井の友人堀越氏が生みの親である。

エンジンの最大出力をつかう空中戦闘では、ふつうの巡航時の何倍もの燃料を食う。これを計算に入れると、Me109が進出できる行動半径は、せいぜい巡航で三十分程度の距離にすぎず、Me109のパイロットはたとえ撃墜されなくても、空中戦がながびけばもはや基地に帰ることはできず、不時着か落下傘降下を余儀なくされた。

だがこれは何もMe109に限ったことではなくスピットファイアについても同じことが言える。その活躍は本土上空で発揮されたものであり、すくなくとも大陸に進攻して積極的にドイツ空軍を叩くという作戦には使われなかった。つまりMe109もスピットファイアもホーム・グラウンドで戦う限りでは強かったが、外に出ると存分に戦うことができなかった。その理由は、一にも二にも航続距離が短かったためである。

ではそのころ、速度もあって格闘戦にも強く、しかも航続距離も長い三拍子そろった戦闘機があっただろうか？　実はきわめて皮肉なことに、陸軍のドイツ視察団の一行が現地でメッサーシュミットMe109の調査を熱心にやっていたころ、ほかならぬわが日本で、理想の万能戦闘機が誕生していたのである。

メッサーシュミットをしのぐ万能戦闘機とは、のちに「零戦」となった日本海軍の十二試艦上戦闘機であった。まだ試作機のままで中国大陸に進出した十二試艦戦隊は、進出まもない昭和十五年九月十三日、十三機で重慶《じゅうけい》上空に進攻、敵戦闘機二十七機を全機撃墜する初戦果をあげた。このとき、十二試艦戦隊は中国大陸中部の漢口《ハンカオ》から奥地の重慶まで、単座戦闘機の編隊作戦行動としては世界新記録ともいうべき一千キロ近い長距離進攻をやってのけ、しかも三十分の空戦のあと一部はさらに足をのばし、飛行場に着陸直後の敵機を銃撃炎上させるという余裕を示した。

これは実際の作戦行動であった点で、どちらかといえば宣伝臭の強いHe112UやMe109Rの速度記録飛行などより、はるかに価値の高い業績であった。

「堀越、やったな」この胸のすく快挙を聞いたとき、土井は心の中で思わずそう叫び、友を祝福した。十二試艦戦は三菱にいる同窓堀越二郎が設計主務者としてまとめ上げた力作であり、かつてたがいの九試単戦とキ10のテストの際、各務原で将来の戦闘機について語り合ったそのことをひと足先に実現したものだった。

このころ、海軍の十二試艦戦と同じエンジンを積み、似たような性格を持った陸軍のキ43

は、ムリな格闘性能の要求に足をひっぱられて速力と武装の弱さでもたつき、担当の中島飛行機では重戦のキ44の試作を急いでいた。

清田技師担当で設計が進められた川崎のキ60は、中島のキ44より七ヵ月おくれの昭和十六年三月六日に試作一号機が完成した。

キ60は全幅九・七八メートル（キ44は九・四五メートル）、主翼面積十六・二平方メートル（同十五・〇平方メートル）、全備重量二千七百五十キロ（同二千五百五十キロ）と、いずれもキ44を上まわり、翼面荷重は百七十二キロ／平方メートルで、これまた設計完了時で百五十キロ／平方メートルだったキ44を上まわる徹底した重戦だった。

キ60のもっとも重戦たるゆえんは、その強力な武装にあった。まず、つぎの表を参照され

		七・七ミリ機銃	十二・七ミリ機関砲	二十ミリ機関砲
陸軍	九七式戦闘機	二		
	一式戦闘機「隼」二型		二	
	二式単戦「鍾馗」一型甲	二	二	
	同一型乙、丙		四	
	キ六〇試作重戦闘機		二	二
海軍	九六式艦上戦闘機	二		
	零式艦上戦闘機	二		二

たい。

すなわち十二・七ミリと二十ミリ機関砲各二門の武装は、当時の日本戦闘機としては最強ともいえるものであった。

一号機にひきつづき、四月五日にはキ60二号機も完成、四月十二日と五月一日にそれぞれ立川に空輸されて軍の審査を受けることになった。そしてこの時点で、航空本部はキ60を制式戦闘機として整備できるよう指令を発している。

キ60は〝和製メッサーシュミット〟などと呼ばれたが、その計画からもわかるように、Me109とは何の関係もない。

しかし、同じダイムラーベンツDB601液冷エンジンを積み、単座の重戦闘機というところから、完成した機体は数字的にも似かよった機体となった。もっとも、冷却器の位置やその装備方法などに経験不足だったせいもあって、全体の形はMe109よりややずんぐりしていたが、平面形はほとんどそっくりだった。

軍によるキ60の審査がはじまって間もなく、陸軍と川崎の共同視察団がドイツで買いつけてきたMe109が日本に到着した。まるでキ60の完成日程に合わせたかのようなタイミングの良さだった。

日本に入ってきたのはメッサーシュミットMe109E7で、かなりまとまった数を買うことになっていたらしいが、ドイツも戦争で飛行機がたりなかったし、輸送にもいろいろ問題があり、船積みされたのは結局三機だけになってしまった。

ドイツ軍のメッサーシュミットＭｅ109と互角に戦ったキ60試作１号機。エンジンはＤＢ601を搭載した。

メッサーよりも強い機を

メッサーシュミットＭｅ109が各務原に到着したのは、昭和十六年六月十五日であった。さっそくドイツからやって来た担当者立ち会いのもとに組み立てがはじまったが、その直後の六月二十二日、ドイツ軍はソ連に進攻した。青天の霹靂《へきれき》ともいうべき大事件である。

日本はこれより二ヵ月ほど前の四月十三日、ソ連と中立条約をむすんだばかりで、世界外交の主導権はわが日本にあり、と松岡洋右《ようすけ》外相が得意になっていた矢先だったからショックは大きかった。

ドイツとソ連は、わずか二年前、不可侵条約をむすび、何も知らなかった日本をおどろかせたことがあった。元来、あまり気のすすまない天皇にドイツとの軍事同盟の必要を申し上げていた平沼騏《き》一郎《いちろう》首相は、「欧州の情勢は複雑怪奇」という迷言を残して退陣してしまった。信じていた〝盟邦〟ドイツに裏切られた陸軍への面あてと、天皇への申しわけからだったが、日ソ中立条約はスターリン外交の勝利だった。なぜなら、独ソ開戦はソ連を仮想敵としてきた日本陸軍にとって、シベリアに攻めこむ絶好のチャンスだったが、中立条約によってそれを封じられてしまったからである。

名外相松岡洋右は、一転してピエロに転落してしまった。その松岡外相の権威失墜が、ついに、六月二十四日の日本陸海軍の南部仏印(現在のベトナム)進駐となってあらわれ、日本は危険な賭けへの大きな一歩をふみだすことになった。

しかし重くるしい内外の情勢の中にあって、技術者たちの表情は意外に明るかった。かねてから評判のMe109の実物を見る興味もさることながら、彼らにはキ60のこれからのたのしみがあったし、六月五日にはキ61の実大模型《モックアップ》審査も行なわれ、技術者冥利《みょうり》につきる毎日があったからだ。

実大模型の審査というのは、実際の飛行機と同じ大きさの機体を木で作り、座席内の艤装の具合とか視界の良否などを審査するもので、主として軍側の担当パイロットから改善意見が出されるが、すでに先行していたキ60でいろいろやったあとだったから、大した問題はなかった。

このとき、担当の板川敏雄大尉から出された要求は、つぎのようなものだった。

①武装は胴体内を七・七ミリ機銃、翼内に十二・七ミリ機関砲を装備したものを一機作ること。(オリジナルは胴体内十二・七ミリ、翼内二十ミリだった。なお、陸軍では十二・七ミリ以上

は機関砲とよんでいたが、海軍は十二・七ミリ以上の火器も機銃とよんだ）
②天蓋《てんがい》（風防、キャノピー）は非常の場合、飛散し得るようにすること。材料にはガラスを使ってもらいたい。

陸海軍の重戦にたいする認識を改めさせたキ60試作機。３機が作られただけだが、川崎ではすでにキ61に着手していた。

③照準器は、なるべく前に出し、すそをもっとよく見えるようにする。
④ガスレバー位置を変更する。大きさも適当でない。
⑤機銃と機関砲の発射用押しボタンと引鉄をキ43式にすること。
⑥油圧装置の切り換えレバーは「押し引き」にかえられないか。
⑦計器の位置を右、無線の位置を左とする。
⑧残弾指示器を装備すること。
⑨非常脱出装置を大きくすること。
⑩冷房換気を行なう。電熱被覆は不要。
⑪タンクの防弾は現在のままでよい。
⑫アンテナをもっと長くしたい。
⑬エンジンをはずさないと直結モーターの交換ができない点を改良のこと。

⑭無線の切り換えをボタンでやることになっているが、場所が操縦桿ではいけない。
これは一年前に行なわれたキ60が第一回木型審査で三十項目以上、第二回が十九項目、第三回が十二項目もあったのにくらべ、おどろくほど少ない。

キ60と同時に設計をはじめたキ61が一年近くもおくれたのは、エンジンにダイムラーベンツDB601を国産化したハ40を使うことになっていたこともあるが、実際のところは重戦、軽戦の考え方に納得がいかなかった土井に、キ61のまとめはキ60の結果を見てからという思惑があったからである。


各務原で組み立てをおわったメッサーシュミットMe109は、飛行機といっしょにドイツからやって来た飛行主任のシュテアー操縦士により七月四日、はじめて日本の空を飛んだ。シュテアーの簡単な説明を聞いて、そのあと川崎の片岡操縦士や陸軍のパイロットたちも乗ったが、日本の戦闘機やパイロットたちの仕事を、せいぜい猿真似ぐらいにしか考えていなかった彼は驚嘆して叫んだ。

「ヨーロッパのどこの国へ行っても、優秀なMe109を乗りこなせるパイロットはすくないのに、日本のパイロットたちは、いとも気軽に乗りこなし、しかもはじめから高等飛行をやって降りてくるのもいる！」

それもあたり前の話で、キ44はMe109より大出力のエンジンを積んだ、より個性的な戦闘機だったし、キ60にいたっては翼面荷重がMe109を上まわる重戦だったからMe109など苦にするはずがない。しかも、何よりも彼らは、もっと危険な試作機を数多くこなしてきた優秀なテストパイロットたちであった。

ヨーロッパ戦線で名声のたかかったMe109が、果たして実際にどんな戦闘機なのか、またこれが重戦キ44やキ60と比較したらどういう結果が出るのかは、陸軍の担当者ならずとも、だれもが抱く興味ぶかいテーマだった。

第2次大戦中、ドイツ空軍の代表的な戦闘機メッサーシュミットMe109。日本に重戦思想をもたらした傑作機であった。

そこで陸軍ではMe109と試作機のキ44、キ45（川崎の双発複座戦闘機）、キ60および軽戦の代表たる九七式戦闘機との模擬空戦を計画し、梅雨明けのむし暑い七月二十一日から月末までの予定で実施することになった。

ドイツ空軍がヨーロッパ戦線で成功したのは、大編隊による一撃離脱戦法に負うところが大きかった。すなわち速度、上昇力を利して敵の後上方に占位し、敵の死角から浅い角度で編隊攻撃を加え、すぐに上昇しては反復攻撃し、もし状況が不利になれば急降下でさけ、後方を他の友軍編隊に守ってもらう戦法である。

このため、従来の三機編隊編成をやめて二機編隊（ロッテ）を二組、四機（シュヴァルム）を最小単位とした。この四機の、あるいは他の四機との相互支援がよければ、わが国のように高度な格闘戦の操縦伎倆《ぎりょう》を必要とすることもなくなり、未熟なパイロットでも、すぐ戦場で使えるという大きな利点があった。つまりMe109のような重戦の出現は、同時に空戦技術の変革をもたらしたのである。

世界の重戦の典型ともいうべきこのMe109と、最初の手合わせを行なったわが代表は、これまた軽戦の典型である九七式戦闘機だった。Me109に乗ったのはテストパイロットのシュテアーではなく、ドイツ大使館付空軍武官補佐官のロージヒカイト大尉だった。彼はMe109でフランス進攻作戦に参加し、敵機を十機ほど撃墜した武勲をひっさげて日本に赴任してきた勇士で、まだ三十前のさっそうとした空軍将校だった。

対する日本側は飛行実験部の石川正少佐と杉浦大尉で、ロージヒカイト以上の実戦経験をつんだ戦闘機パイロットたちだった。しかし、あまりにも対照的な性格のMe109対九七戦の空中戦は、勝負にならなかった。メッサーシュミットが攻撃をかけようとすると、九七戦は得意の小まわりで回避してしまうし、九七戦が攻撃しようとしても高速の相手をつかまえることができず、九七戦の得意とする旋回戦闘には相手は絶対にのってこなかったからだ。しかし、はっきりしていたのは、Me109には攻撃のチャンスはあるが、速度のおそい九七戦にはそれがないということだった。

つぎは日本の重戦キ44に石川正少佐、荒蒔《あらまき》義次大尉、キ60に岩橋譲三大尉、吉沢鶴寿准尉らが乗って手合わせとなったが、これも戦闘は成立しなかった。模擬空戦の場合はあらかじめルールを決めて行なうのだが、ロージヒカイトがそのルールを守らなかったからだ。

日独両国機による模擬空戦のルールとは、双方が互いに反航してかわったところから戦闘開始、しかも高度差、どちらが先に攻撃するかなどをあらかじめ決めておくものだったが、ロージヒカイトはまったくこれを無視して一方的に攻撃をしかけ、不利になると雲の中に逃げこむという戦法に終始した。

考えてみれば無理のないことで、実戦の経験がまだ生々しいロージヒカイトは、いかにしてＭｅ109で勝つかしか考えていなかったであろうし、それに、下では彼の上司である駐日武官のフォン・グロナウ大佐や日本陸軍のおエラ方たちが見ていたから、たとえ約束戦闘であろうとも負けることは彼のプライドが許さなかったにちがいない。

仕方がないので、日本人同士でルールどおりの戦闘をやりなおしたが、約束戦闘にかぎれば、キ44もキ60もＭｅ109に対し有利に戦える、という結論が出た。

模擬空戦の最終日、参加した各パイロットたちによる研究会が開かれた。明野飛行学校の松村黄次郎中佐、飛行実験部の石川正少佐、坂川敏雄大尉、荒蒔義次大尉、岩橋譲三大尉、甘糟《あまかす》三郎大尉らによるＭｅ109、キ44、キ60の評価は、当時の日本陸軍パイロットたちの戦闘機にたいする考え方が、よくあらわれているので興味ぶかい。

岩崎　Ｍｅ109の座席関係の装備は、操縦者がらくなようにできている。出足がいいし、急降下中の方向安定がいい。主翼前縁のスロット（隙間翼）のため離着陸距離が短くてすむ。プロペラのピッチ変更がなめらかだから過回転の心配がない。しかし、上昇して二撃目をかけようとするときの上昇旋回は悪いようだ。
板川　後上方の視界は悪いが、横はよく見える。
石川　Ｍｅ109と空戦をやってみた感じでは、出足も最高速度もキ44の方が上だし、旋回も空戦フラップを使えばキ44がいい。どうもＭｅ109はキ44にくらべて性能上の特徴ともいうべきものが見あたらない。
甘糟　Ｍｅ109はスピードの落ち方が早いのではないか。それに急上昇もよくない。
岩崎　機関砲が故障した。
板川　スイッチ類、電気系統は実にいい。
甘糟　風防の離脱装置はよい。さすがにカメラの国だけあって風防ガラスの透明度がたかく、歪《ゆが》みがないからよく見える。
荒蒔　キ44はＭｅ109より旋回半径が小さいし、上昇旋回も同程度だからＭｅ109を追いかけられる。空戦フラップを使えば、キ60と同程度に旋回できそうだ。補助翼が軽いのです ぐ方向転換に入ることができ、切りかえしがいいのは長所でもあり、欠点でもある。急降下時の方向安定はやや悪いようだが、エンジンの回転を上げてスピードを出すとよくなる。
板川　たしかにフラップを使うことにより旋回性は良くなったが、これを使わなければならないことが欠点といえるのではないか。

岩崎　舵の使い方にもよると思うが、低速での安定は良くない。それにこれはキ44に限ったことではないが、風防にオイルがかかるのは困りものだ。
石川　キ60は舵が落ちついていて、味がある。
岩崎　水とオイルがあたたまるのはＭｅ109と同じだ。キ44とキ60は、着陸のむずかしさは大体同じぐらいだ。ただしキ44はバウンドしてからクセが悪いようだ。
松村　各機種の戦闘法、能力をくらべるとＭｅ109は、九七戦に対しては奇襲でなければ勝てない。しかし、キ44、キ60などもそうだが、重戦の方に戦闘の主導権があることは明らかである。要するにパワーに余力があって上昇性能がたかければよいのだ。

こうした討論の末、Ｍｅ109、キ44、キ60の比較の結果では、キ44はＭｅ109を攻撃することができる、なお空戦フラップを使えば敵の攻撃を避けられ、キ60はそのままで対等もしくはやや有利に戦えるという結論を得た。これはＭｅ109が五年前に完成した実用機であることを考えれば当然かもしれないが国産の重戦もまんざらではないという認識を、軍のパイロットたちに抱かせた点で大成功だった。
この結果、こんな着陸速度の早い、小まわりのきかない戦闘機なんか使いものにならん、と白眼視されていたキ44が見なおされ、急に制式化しようという方向に動き出した。そのかわり、似たようなものを二機種はいらないとばかり、キ60の方は採用の望みがうすくなってしまった。

こうした軍側の動きの中にあって、川崎の設計室では少しもあわてなかった。たとえキ60がダメでも彼らには着々進行中のキ61があったし、これまでの旋回性能一点ばりから攻撃には高速を生かしての一撃離脱、攻撃されたら軽快性を利用してこれを避けるという軍の空戦思想の変化は、まさにキ61にとってピッタリ当てはまるものだったからである。

「キ61は、かならずいいものになる」と、土井をはじめ大和田以下の設計陣のだれもがそう確信し、設計は快調に進んだ。キ60だけでなく、Ｍｅ109の欠点をも除き、これまでの川崎戦闘機設計のノウハウをすべて注ぎこんだからには、悪いものができようはずはなかった。

陸軍はキ61を軽戦として要求していたが、前にも述べたように、土井はこれまでのキ10、キ28の経験から、軽戦、重戦の区別にこだわることなく、自分の理想とする戦闘機をまとめるつもりでいた。

キ61の基本設計の一つの大きな特徴は、キ28のときと同じ考えで空戦における旋回上昇率を重視し、いかにして軽快性を与えるかに努力をはらったことである。この結果、翼面荷重をキ60およびＭｅ109より下げることにし、主翼面積を二十平方メートルにした。これはキ60の十六・二平方メートル、Ｍｅ109の十六・一七平方メートルにくらべて約四平方メートルも多いが、軽快性を与えるためには同じ出力のエンジンを使用した場合、翼面荷重の小さい方が有利だからである。また主翼のアスペクト比を七・二という比較的高い数値とし、そのために翼幅を十二メートルとした。主翼のアスペクト比(レシオ)というのは縦横比のことで、つまりアスペクト比の数値が大きいことは主翼が細長いことである。

これは先に土井が手がけたキ28と同じ思想であり、中島のキ43や三菱の零戦と平面形をくらべた場合のキ61の大きな特徴ともなっている。翼幅を大きくしたことにより、キ60で苦労した脚の収納は、主翼内にらくにスペースが確保でき、胴体下面は燃料タンクと冷却器の装備に利用できるようになった。翼型は、抵抗が小さくクセのないものがえらばれたが、これには主桁部の上下面の傾斜が同じになるよう考慮がはらわれ、主桁は主翼翼弦の二七・五パーセントの位置に通すことになった。

主翼の桁は、強度を受け持つもっとも重要な構造部材であるが、中央部から翼端になるにしたがって、翼型の上下の傾斜がかわると桁の上下もそれに合わせてけずらなければならない。これはやっかいな作業だし工数も増すので、土井の翼型えらびが、単に空気力学上だけでなく工作上の配慮にまでおよんだことは、このキ61が土井にとって七作目の戦闘機であるという実績によるものであろう。

工作上の配慮で、もう一つのすぐれた点は胴体と主翼の結合法である。主翼は左右一体に作られていたが、中央部は上面を翼型のもっとも厚い部分に合わせて平らにし、この上に同じ形に前部下面を切り欠いた胴体をのせる構造にした。こうすると、主翼と胴体はレール式に簡単に前後に移動できるから、重心位置がかわったときに容易にズラすことができる。

飛行機は、設計のときにかなり厳密な重量計算をやって重心位置を決める。この重心位置と主翼の風圧中心(どちらも状態によって移動する)を、できるだけ一致させるのが設計のコツであるが、どうしてもでき上がった飛行機では多少の重心位置の見こみちがいが出る。このため、設計時には重心位置をやや前気味にし、完成時に胴体後部にバラストをつんで調整する方法がとられていた。零戦や雷電では、胴体最後部のコーンの中にバラストを取りつけるようになっていた。

キ61は、主翼自体が簡単に移動できる構造にしたため、バラストをつむ必要はなく、のちに二型になって、さらに重いハ140エンジンをつんだり、空冷エンジンをつけて五式戦としたときも、容易に重心位置を合わせることができた。

『Ｍｅ109を上まわる高速にスピットファイアの軽快性を加え、さらに「零戦」なみの航続性能をもった世界最強の戦闘機をつくり上げる』

この方針に沿ってキ61では設計の当初から、できるだけ多くの燃料タンク・スペースを確保するよう設計が進められていた。軍の要求は、キ60よりも航続距離は短くてもよいことになっていたがそんなことは問題にせず、「いらなかったら、燃料をつまなければいいんだ。タンク容量は大きいにこしたことはない」というのが、土井や大和田たちの一致した見解であった。彼らの眼中には、すでに外国の優秀機Ｍｅ109もスピットファイアもなかった。

機体各部の設計は各担当の課長が中心になって進め、これを計画課で調整してとりまとめられた。そして、計画から試作までの全体を、翌昭和十七年に試作部長に昇進した土井が、当時はまだ第一設計課長兼艤装課長のままで指導するという仕組みであった。

また、できるだけ各機種を通じて、共通な基礎部品を使うような方式がとられていた。おまけに各課はあらゆる機種にわたった経験を充分に積んでいたし、組織をうまく生かして人員を効果的に配置するようにしていたので、数機種同時設計というはなれ業をやってのけることが可能だった。

直接関係した主だったメンバーは、つぎの人たちだった。翼関係―関口技師。胴体関係―松田博一技師。エンジン装着部関係―小口富夫技師。降着装置および油圧関係―波田《はた》、坪井技師。燃料滑油装置および冷却関係―竜頭《りゅうず》留三技師。武装および装備関係―巽《たつみ》、小野、鍵本各技師。操縦操作装置関係―佐々木技師。プロペラ関係―北野技師らである。

大和田と松井辰弥大尉（現岐阜大工学部長）は計画課で全体のとりまとめをやっていた。このほか、たとえば二宮香次郎技師の機関砲とプロペラの連動、研究課の小林技師ほかの電装関係や機能部品の研究など、機体設計以外の部門でも大きな努力がはらわれていたし、明石工場でもハ40エンジンの完成に多くの人たちが精魂をかたむけていた。

キ61に取り組んだ人たちは、設計開始当時で最年長の土井が三十四歳、あとはほとんど全員が二十代という若さであり、彼らの意気と情熱はまさに天をつくといっても過言ではなかった。

キ61の設計が追いこみに入ってもっとも多忙をきわめた昭和十六年の六月から八月にかけて、山下訪独軍事使節団の帰朝報告があった。この使節団の報告は、空軍拡充がもっとも重要であること、戦闘機には速力と火力とが絶対に必要であることなどを強調していた。

またこのころ、アメリカは日本にたいする全面的な経済封鎖の挙に出た。

戦争の危機はいよいよ近づきつつあったのだ。

零戦と飛燕の設計上の相違

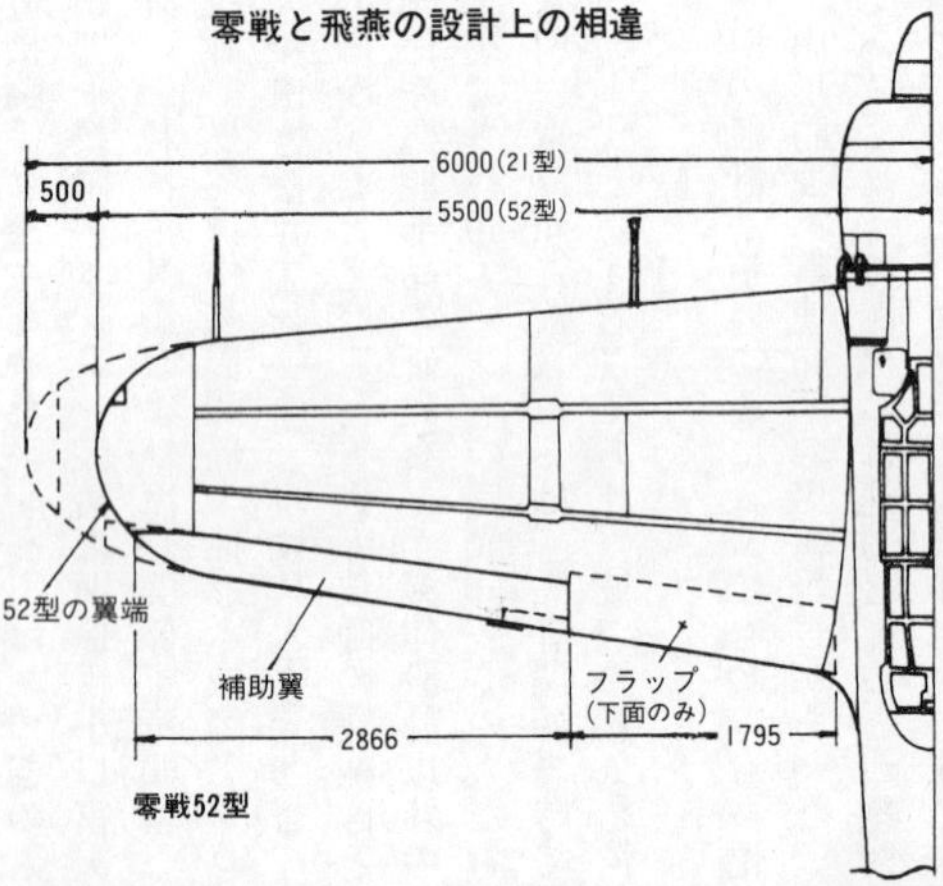

零戦52型

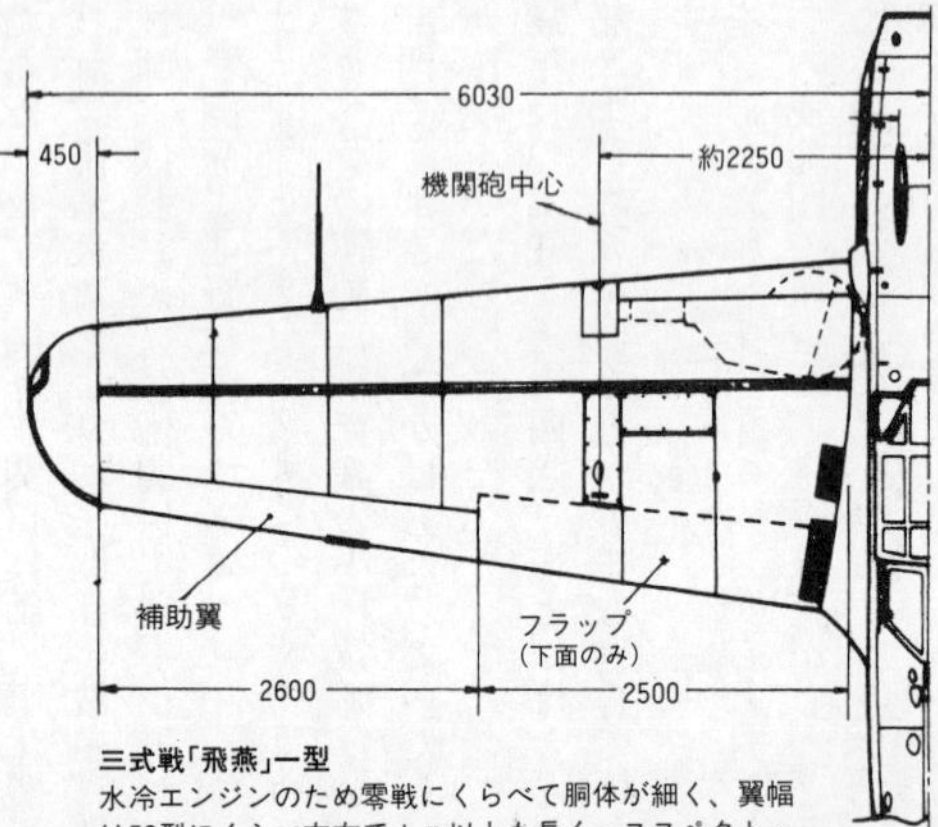

三式戦「飛燕」一型
水冷エンジンのため零戦にくらべて胴体が細く、翼幅は52型にくらべ左右で1m以上も長く、ススペクト・レシオの大きい細長い主翼になっている。一本桁構造。

メッサーシュミットMe109と「飛燕」の比較

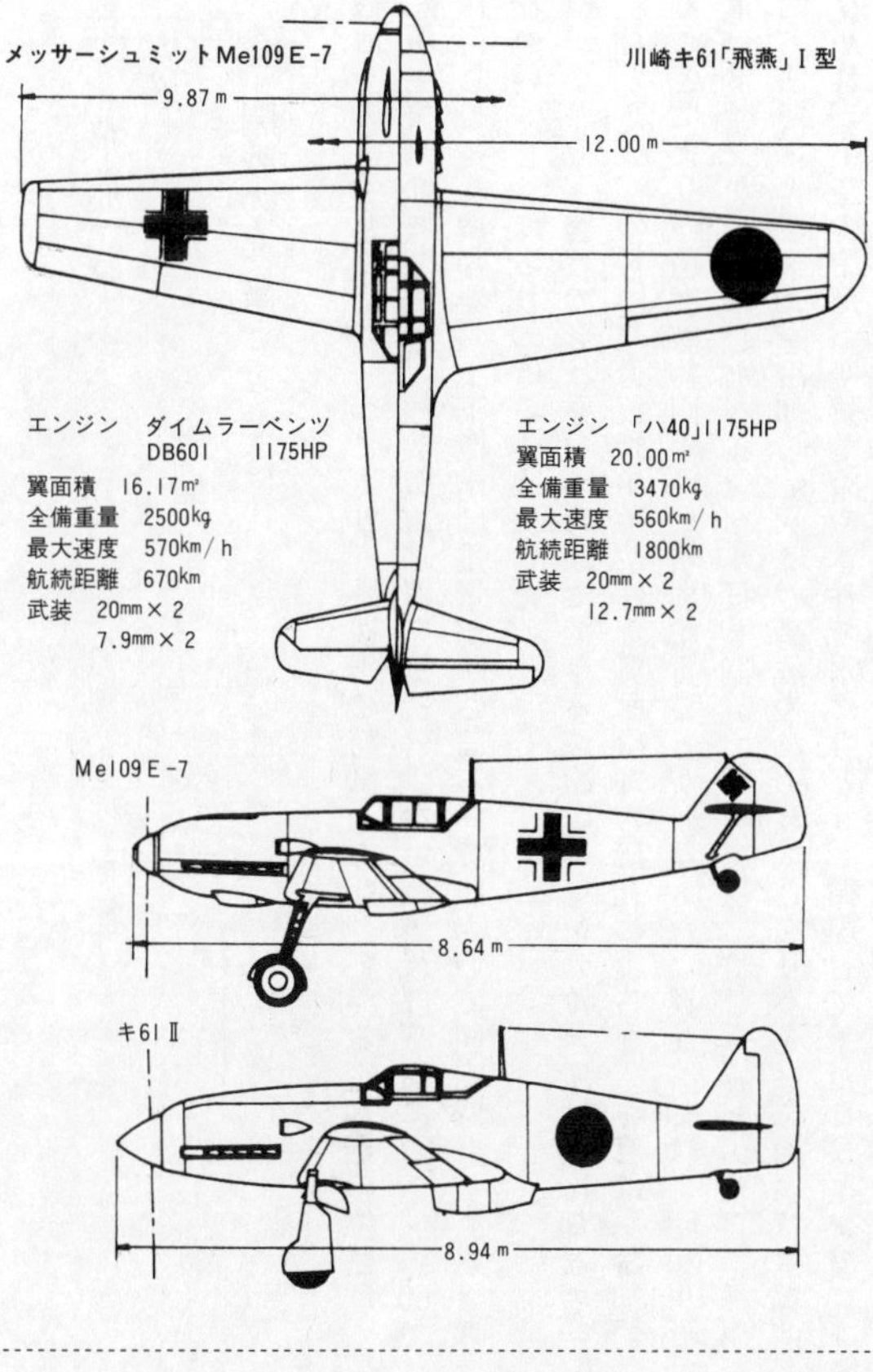
メッサーシュミットMe109E-7
川崎キ61「飛燕」I型
9.87m
12.00m
エンジン　ダイムラーベンツ
DB601　1175HP
翼面積　16.17m²
全備重量　2500kg
最大速度　570km/h
航続距離　670km
武装　20mm×2
7.9mm×2
エンジン　「ハ40」1175HP
翼面積　20.00m²
全備重量　3470kg
最大速度　560km/h
航続距離　1800km
武装　20mm×2
12.7mm×2
Me109E-7
8.64m
キ61 II
8.94m

第三章　「飛燕」飛ぶ

開戦の興奮とともに

キ61の設計上のすぐれた点の一つであり、外観上の特徴ともなっている冷却器の位置は、Ｍｅ109の左右主翼下面にたいし、拡散型冷却器を抵抗の少ない胴体後部下面におき、キ60で試験的に採用していた冷却器の上下機構は重量がかさばるのではぶいて固定式とし、水とオイル冷却器をいっしょに取りつけるようにした。

正面面積が小さく、機首の形状をなめらかにできる液冷エンジンの泣き所は、冷却器の空気抵抗だ。たとえば、のちに北野技師が手がけた翼面冷却の研究によると、キ61は水冷却器を除去することにより、速度が約四十キロ増加することがわかった。翼面冷却は、昭和十五年末に海軍がドイツから輸入したハインケルＨｅ100（一般にはＨｅ113とよばれていた）に採用されていた方法で、エンジンを冷却した水は、高熱のため蒸気となりパイプを通って主翼前縁にみちびかれ、上空の冷たい空気で冷やされて水にもどり、循環してふたたびエンジンを冷やすという仕組みであった。

主翼前縁を冷却器に使うわけだから、空気抵抗の大きい冷却器をぶらさげる必要がないという利点がある。しかし、気温の高い日や、上昇をながくつづけていると蒸気の復水作用が間に合わず、主翼上面の安全弁から蒸気をふき出すという蒸気機関車のような現象をおこすことがあった。

ハインケルHe100は、メッサーシュミットMe109との競争試作に敗れたハインケル社が、巻き返しをねらって作った意欲作だったが、こうした斬新さがわざわいしてか、高性能にもかかわらず制式採用にはならなかった。

結局、その後あらわれた液冷エンジンつき戦闘機は、このキ61はもとよりイギリスのホーカー・テンペストやアメリカのノースアメリカンP51ムスタング、あるいはドイツのフォッケウルフFw190D（俗に長鼻とよばれ、機首前面に環状の冷却器をおいて一見空冷エンジンつきに似ていた）など、いずれもオーソドックスな冷却器を採用し、翼面冷却は試作あるいは研究の範囲にとどまったようだ。

冷却器の位置も決まり、キ61の基礎形は風洞実験を何度もくり返して綿密な検討が加えられ、山下、阿阪、紅村、森技師らの手によって修正につぐ修正が加えられた。

風洞実験による外形のリファインと並行して、構造設計も急ピッチで進んだ。運動性、上昇性能、着陸性能などをよくするためには、重量を軽くするのが最良で、綿密な重量計算とこれに見合う強度計算や基礎実験を必要とした。構造部分の基礎実験は、井町技師の研究課で吉村技師、高村技師、高田大尉らが担当して行なわれた。

多くの日本の飛行機がそうであるように、機体の重量軽減には細心の注意がはらわれた。このため機体の外板にも、ところによっては〇・四ミリという薄板を使った。このことについて、のちに大和田技師はこう語っている。

「〇・四ミリのジュラルミン板を使ったということは、外国機にくらべると極端な薄板構造だが、戦後アメリカで旧日本機の構造、とくに極薄板構造に深い関心を示したということを聞き、当時の戦闘機設計に参加した一人として感慨ぶかいものがある」

重量軽減の一端としてキ61に採用されたエンジン取付法も、優れた着想であった。通常、エンジン架は空冷では鋼管溶接構造だったが、液冷エンジンのMe109ではマグネシウム鋳物が使われていた。このため外形を整えるのに機体の骨組を別に必要としたが、キ61ではエンジン架を機体構造と一体にしてしまったので、いちじるしく重量を軽減することができた。

大量生産と互換性については、永瀬、高柴、長久各技師をはじめ現場の技術者たちの意見が大いにとりいれられた。前述の、胴体を主翼の上に平らにのせ数個のボルトでしめつける構造や、水平尾翼と垂直尾翼を一体として胴体後部にとりつける構造など、工数をはぶいて作りやすくする工夫が、いたるところに実施された。

このことについて創案した試作工場長の永瀬浪速技師（鹿児島市）は、

「キ60をやったとき、キ45やキ48などと同じように主翼を胴体と一体になった中央翼（内翼）と左右の外翼に分け、内外翼のそれぞれ端部に取りつけられた金具をピンボルトで結合する構造と主張された土井さんと激しく議論した。その結果、土井さんも認めてくれて、主翼は左右一体の一枚翼となった。

キ60の延長上にあるキ61も同じ主翼構造を採用したが、数ある川崎航空機の機体の中で、土井式でなかったのはこの二機だけだ」と回想する。

不世出の名機「飛燕」の母体となったキ61試作１号機。優れた設計であり、外観の特徴でもある冷却器の位置が目をひく。

主翼と胴体の分割および取りつけ法だけでなく、それまでの日本機にはなかった新しい生産手法が取り入れられた。

日本の飛行機の多くは胴体のカラをつくったあと、いろいろ内部の取りつけ作業をやっていたが、単座戦闘機などになると中が狭くて作業がやりにくい、しかも一人しか入れないから胴体の完成がおくれて能率がひどく悪い。そこで、できるだけ胴体を分割し、中央部などはもなかのように真ん中で割って艤装をやり、操縦席や操縦桿、フットバー受けや燃料の配管などは胴体をのせる前の主翼単体のうちにほとんど取りつけてしまうようにした。

胴体の中で人が一番入りにくいのは尾翼と尾輪がつく尾部だが、ここは尾翼の手前で胴体を分割して別に組み立てるようにしたので、外かららくに作業ができるようになった。

さらに永瀬は、飛行機を構成する各部品が必要な時点でそろうよう精密な工程管理を行なうため、早くも電気式パンチカードシステム(現在のコンピューターシステムの前身)の導入を開始している。最盛期の飛燕の生産が、早い時期に岐阜工場だけで月産二百機に達したのも、こうした組み立て作業の合理化と、近代的な管理手法を導入した成果だったといっていいだろう。

なお永瀬は、これらの生産合理化について、「キ60の設計主任だった清田堅吉技師(戦後、熊本大学工学部長、八代工専創立者兼校長)の理解と協力を忘れることはできない」と語っている。

このほかに整備、点検などの実用上の問題については、水口、藤原、藤井、西門各技師たちが軍側の整備関係者といっしょになって検討をくわえ、装備、武装などについても、でき上がってからの変更やトラブルを極力少なくする努力がはらわれた。

各務原の川崎航空機試作工場の一隅でキ61の第一号機が完成に近づきつつあった十二月八日、日本はイギリスとアメリカに対し宣戦布告した。真珠湾奇襲、フィリピン空襲、マレー半島上陸と、日本陸海軍はいっせいに行動を開始し、十一日にはアメリカがドイツとイタリアに対して宣戦を布告、戦争はさらに世界的な規模へと拡大した。

開戦の興奮がまださめやらぬ十二月十二日、キ61第一号機の進空式が行なわれたが、その前夜、設計主任の大和田は眠れなかった。

「空力的にも構造的にも最善をつくしたつもりだ。現場の技術者たちとも生産や工作上の問題で、しばしば激論をかわした。キ60での経験はすべて織りこみ、考えられる欠点は、およそつぶしたと思う。しかし、自分にとってははじめて全体のまとめをやらされた機体だけに、何か、どういう思いがけない故障や事故がおこるかもしれない。すでに日本は大戦争に突入した。次期戦闘機の早急な完成が望まれることは必至だ。成功してほしい。初飛行がうまくいってほしい」

彼は、これまでの設計試作の経緯を一つ一つ思い返し、自問自答しているうちに夜が明けてしまった。

当日は快晴だった。スパイにたいする厳戒の中で、会社のテストパイロット片岡操縦士によって飛んだキ61は、前夜からの大和田の心配を吹き飛ばすような安定した飛行を見せた。「大和田君、よかったな」と、液冷エンジン特有の軽やかな爆音をとどろかせながら降りてくるキ61を見やって、土井がはればれした顔で語りかけた。大和田も何か言おうとしたが言葉にならなかった。片岡操縦士も、「これならいける。かならずモノになるだろう」と、自信たっぷりの口調で報告した。

当初、軍のキ61にたいする要求は、軽戦だった。しかし、戦争がはじまり、客観状態の変化にともなって考え方がかわり、軽戦ではなく、むしろキ60の性能向上機と考えるようになった。したがって、初期のキ61の予想性能では不満の声が起こるのは当然だった。さいわい川崎の設計室で、軍の要求とはちがった考え方で作業を進めていたので、大きなトラブルは起こらなかったが、それでもパイロットたちは、最大速度の向上と十二・七ミリ機関砲四門の装備を要求した。

わずか一年前、九七式戦闘機の軽快性におよばないとしてキ43（昭和十六年四月、一式戦闘機「隼」としてようやく制式になった）の速度や航続性能の優越性などには目もくれなかった陸軍戦闘機パイロットたちの変化はたいへんなものであった。事実、九七戦では歯がたたないホーカー・ハリケーンやカーチスＰ40などにたいして隼戦闘機は優勢な戦いぶりを示していたのだ。

土井の予想ではキ61の性能は、最大速度はすくなくとも先行したキ60と同程度、旋回上昇ではＭｅ109をぐっと引きはなすだろうと思われた。ところが、初飛行後まもなく、日本戦闘機としては驚異的ともいうべき時速五百九十キロをマークした。

これを聞いた陸軍の関係者たちは「天佑《てんゆう》われにあり」とよろこんだが、すくなくとも実用化が二年後になることを考えれば、手ばなしでよろこんではいられない。まだ飛びはじめたばかりのキ61にたいする性能向上要求は、審査側の軍パイロットたちばかりでなく、十二月下旬に開かれた軍需物資会議でもとりあげられた。

審査の技術面を担当する木村昇陸軍技師が、陸軍航空技術研究所内の会報によって知ったその大要は、つぎのようなものであった。

『キ61は昭和十七年一月十日ごろ立川に空輸される予定であるが、さらに性能向上が必要と認められる。エンジン出力の向上、冷却器の機能向上、武装の強化を実施して、来年度中に完成すること』

つまり、キ61一型の仕様もまだかたまっていないうちに、はやくも二型の要求が出たわけで、性能向上と並行して、重戦に必要とされた行動半径六百キロ以上を実現すべく、エン

キ61Ⅰ型　機首付近詳細図

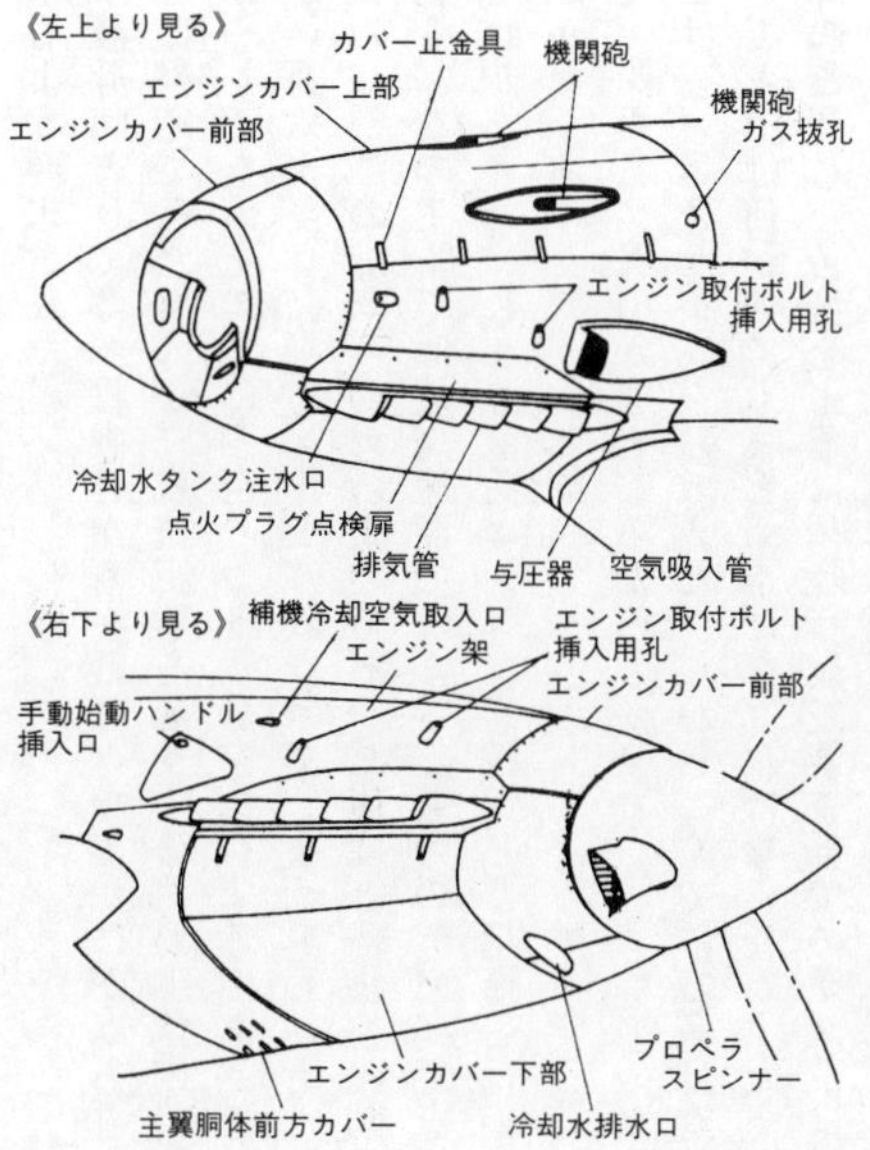

ジンの出力増大――したがって燃費もふえる――も考慮して二百リットルの落下タンク二個を装備するよう要求された。

川崎の設計陣としては、重戦となるか軽戦となるかにかかわりなく、とにかく重量を軽くすることに努めてきたものが、航続距離を延長するため胴体内の燃料タンク容量を百五十リットルふやし、なおその上に四百リットル分を携行するとあっては、離陸時の翼面荷重はキ60にちかい百六十キロ／平方メートルになってしまう。しかも、防弾鋼板も装着しなければならないのだ。このため、初めの狙いであった速度と軽快性の両立は、きわめてむずかしいものとなり、このままでは最高速度ではまさるものの、Ｍｅ109なみの平凡な重戦になってしまうおそれがあった。しかも液冷エンジンを採用した宿命とはいえ、冷却器にはまだ未解決の問題がかなりあった。

「これで、果たしてキ61がまとまるだろうか？」

大和田は、いささか不安をおぼえた。しかし、すでに戦争は進行中であり、次期戦闘機の本命としてキ61は何が何でもまとめ上げなければならなかった。

設計陣のこうした苦悩をよそに、陸軍航空審査部でのテストは好成績を示していた。軍のテストパイロットたちによる審査では、高度六千メートルで五百九十一キロ時、高度一万メートルで五百二十三キロ時の最高速度をマークし、一万メートルまでの上昇時間は十七分十四秒、実用上昇限度一万一千六百メートル、着陸速度は百二十六キロ時で、キ60やＭｅ109はもとより中島の重戦キ44より着陸は容易という結果がでた。しかも操縦性、安定性ともに良好で、総合成績では「優秀」の折り紙がつけられた。

「速度、軽快性、戦闘性においてＭｅ109よりはるかにすぐれ、また爆撃機にたいする攻撃は赤子の手をひねるにひとしい」と、軍は最大級の賛辞を呈してくれたが、平時ならこれで満足すべきものが、戦時ゆえにさらに過酷な性能向上要求となったものだ。

しかし、たとえ国産化とはいえ、もともと同じエンジンをつんだキ61が、キ60やＭｅ109を時速三十キロも上まわったことは、思いがけないうれしい誤算といってよかった。原因ははしかなことはわからないが、胴体断面をキ60より百ミリ低くしたことと、冷却器の位置の選定がよかったのだろうというのが土井の見解だ。

読者の中には飛行機の写真を見るのが好きな方も多いと思うが、液冷エンジン戦闘機の写真を見るとき、水冷却器の位置に注意すると、それぞれの機体の特徴や設計者たちの苦心がうかがえて、いっそう興味ぶかいものがある。

Ｍｅ109やスピットファイアのように主翼下面に取りつけたもの、カーチスＰ40やホーカー・タイフーンのように機首下面にアングリと口を開けたようなもの、ホーカー・ハリケーンやＰ51ムスタングのように胴体下面に取りつけたものなど、実に多彩である。

キ61は胴体下面に取りつけたが、位置をキ60より後ろに移して主翼後縁付近とした。結果的にこれが空気抵抗の減少に効果があったようだが、土井は戦後の昭和二十八年ころ、川崎でオーバーホールすることになった大戦末期のアメリカ軍最優秀戦闘機Ｐ51ムスタングの冷却器の装備がキ61と同じなのを見て、感慨無量だったという。ただし、Ｐ51のは位置は同じでも、冷却器の空気取り入れ口は胴体下面からややはなされ、おちょぼ口をしていた。これは、機体に近い部分は乱流境界層といって空気流の乱れがひどいので冷却効果がうすいところからこうしたもので、この点は向こうの方がすぐれていた、と土井は述懐している。

キ61の川崎社内におけるテストは、片岡、金原両操縦士によって行なわれていたが、金原操縦士はこの年の六月、キ61第四号機を各務原から立川に空輸する途中、視界不良で箱根の山に激突して殉職した。

キ60、キ61に最初に乗った片岡操縦士は入社は金原よりおそく、昭和十五年だったが、それまで陸軍航空技術研究所でテストパイロットをやっていたほどだったから、キャリアは充分だった。彼は一見大胆のように見えたが実は細心で、緻密な頭脳と優秀な伎倆の持ち主であり、しかもキ60およびキ61の完成になみなみならぬ情熱をかたむけた人物だ。

増加試作三号機のとき、立川でMe109と急降下の突っこみは、どちらが速いか競争したことがあった。片岡操縦士の乗ったキ61と荒蒔義次大尉のMe109が高度六千メートルから同時に垂直降下に入ったが、キ61がやや速かった。ところが高度一千メートル付近で左側補助翼がフラッターをおこし、左補助翼の外側半分がちぎれて飛んでしまった。

フラッターによる事故はこわい。昭和十五年三月と十六年四月の二回にわたり、海軍の零戦が補助翼フラッターでテストパイロットが殉職する事故をおこしている。さいわいキ61は機体構造が頑丈だったので空中分解することもなく、半分残っていた補助翼をきかして無事着陸したが、沈着な片岡ならではの行為だった。

これ以前にも、こうした徴候はあった。軍で審査中の試作機で、速度計が時速六百二十キロ前後になると、補助翼の内側部の後縁が上下二十ミリぐらいの幅で白く見えることに、テストをしていた荒蒔大尉が気づいていた。しかし土井はこの報告を、補助翼は完全なマスバランスをしてあるから、とあまり気にとめていなかった。その矢先の事故だったから、空中分解の事故にはならなかったものの、やはりテストパイロットの報告は、どんなことでもよく検討してみなければならないことを痛感させられた。

マスバランスというのは、補助翼のヒンジ（蝶番《ちょうつがい》）中心から前部と後部の重量を釣り合わせることで、キ61試作機では補助翼前縁の内側半分にマスバランスをつけていた。このためヒンジまわりの全体としてマスバランスはとれていたが、補助翼の内側部と外側部ではバランスがちがうため捩《ねじ》れ振動をおこしたものとわかった。そこで各断面とも一様なバランスをとるように、補助翼全長にわたってマスバランスが分布するようにしたところ、補助翼のフラッターは完全にとまった。

零戦では追いつけない！

キ61の審査がしだいに本格化しつつあった昭和十七年春、開戦以来の戦勝気分に浮いていた日本軍部と一般国民に大きな衝撃をあたえる出来事が発生した。

ドーリットル中佐指揮のアメリカ陸軍爆撃隊による初の日本本土空襲がそれで、四月十八日早朝、航空母艦ホーネットを発進した十六機のノースアメリカンB25爆撃機が、東京をはじめ全国各地を爆撃したのだ。

たまたま水戸にあった陸軍射爆場に新型十二・七ミリ弾丸の発射テストのためキ61試作機二機がきていたが、空襲警報発令でほかの戦闘機とともに迎撃待機となった。

このテストのため審査部から出張していた荒蒔大尉と梅川亮三郎准尉は、午前中の発射テストが終わってピストでとりとめのない話をしていたが、ちょうど昼ころ、海岸線を飛ぶ双発機を発見した。そのうちに機首をめぐらせてこちらに向かってきたのを見ると、垂直尾翼が二枚あるではないか。

「梅川、ありゃなんだ。垂直尾翼が二枚の双発機というと、南方で分捕ったロッキード・ハドソン爆撃機かな？」

荒蒔がたずねると、梅川准尉も首をかしげた。

「へんですな。ハドソンは立川にあるはずで、今頃こんなところを飛ぶはずがないし……」

なおも近づいてくる双発機を注視していた梅川が、すっとんきょうな声で叫んだ。

「あッ、星のマークがついている！　敵機だ。敵機ですぜ！」

すぐに全機緊急発進となり、梅川准尉のキ61も飛び上がった。ところが、荒蒔大尉の飛行機は上がれなかった。午前中に使った弾丸は不良ではずしてあり、すぐに間に合うのは演習弾ばかりで役に立たない。至急、テスト用の信管のついたものを弾倉につめることになったが、きちんと弾帯についていたのがなかったので、弾帯にカッターのようなもので弾丸を一個一個つながなければならない。まさか空襲があるなどと思っていなかったから、十二・七ミリ機関砲弾の用意がなかったのだ。あとは旧式の九七戦ばかりだから、七・七ミリだけである。新鋭の一式戦隼は総力をあげて南方に行っていたし、キ44は試作機九機をかき集めてこれも南方に出動中で、内地はほとんどガラ空き同然というのが当時の状況だったのだ。

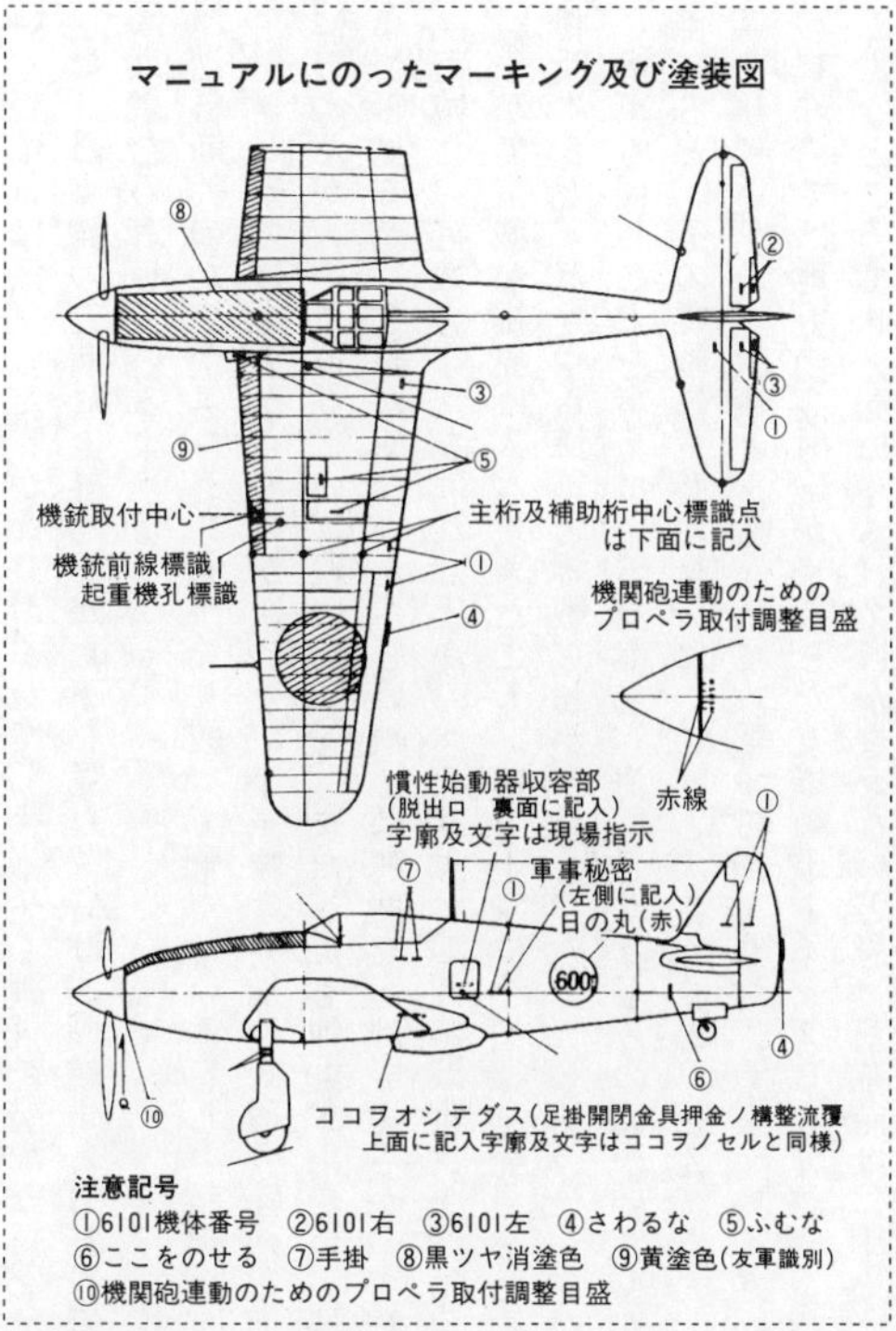

　ほかの戦闘機は、どんどん上がって行く。荒蒔は焦った。操縦席におさまり、エンジンをまわし、「まだか、まだか」と機体をたたいてせきたてたが、弾帯に弾丸をつなぐ作業はなかなかはかどらな

い。整備員は汗だくだ。かなりおくれて、ようやく弾丸の装塡が終わった荒蒔のキ61は離陸した。霞ヶ浦の方向に上昇しながら下を見た荒蒔は、同航するB25を発見した。どうやら敵は東京をめざしているようだ。

燃料節約のためかエンジンをかなり絞って飛んでいるらしい敵機に、キ61は得意のダッシュをきかせて後上方から襲いかかった。小気味よい加速で霞ヶ浦の水面をバックにしたB25に迫ったが、いざ射撃という段になって、またしても弾丸が出ない。機首をおこして上昇しながら見ると、襲撃に気づいたらしい敵機は速度をあげて遠ざかって行った。

「宮城だ。宮城を守らなければいかん」そう思って荒蒔は東京上空に急いだ。

やがて宮城が視界に入ってきたころ、前方上空に小型機を発見した。三機編隊で、形から判断すると、どうやら海軍の零戦らしかった。

「海軍も同じことを考えているな」と、海軍とはなじみのふかい荒蒔がなつかしい思いで見ていると、その零戦は荒蒔の後方につこうと大きくまわりこんできた。

「こりゃいかん。敵機とまちがえて攻撃するつもりだ！」と、いささか荒蒔はあわてた。

真珠湾では地上の高射砲が来援した友軍のボーイングB17爆撃機を撃墜したと聞いたが、こんなところで味方機にやられてはかなわないと思った荒蒔は、すぐにエンジン全開で逃げることにした。速度でおよばぬ零戦は、たちまち後方にとりのこされた。

「どんなもんだい。零戦じゃ、キ61に追いつけないよ」と、機上でひとりほくそ笑んだ荒蒔がホッとひと息つく間もなく、またしても新たな零戦が敵意を見せて迫ってきた。このとき荒蒔は、なぜ零戦がキ61を敵機とまちがえるのかに気づいた。当時の陸軍機は、主翼にだけ日の丸の標識があり胴体にはそれがなかったことと、キ61が見なれない液冷エンジンつきの機体だったからだ。そこで荒蒔は、大きく翼をかたむけて垂直旋回に近い姿勢をとって翼の日の丸を見せ、バンクを振って了解の意を示した零戦に挙手の礼を送った。零戦の風防ごしに、海軍のパイロットの白い歯が見えた。そのあとも二回ほど同じ目にあったが、そのたびに翼の日の丸を見せて同士討ちをまぬがれた。こうした誤認事件は、内地ばかりでなく第一線でもしばしば起こったらしい。マレー半島上空に出動したキ44がしばしば隼戦闘機に攻撃されたのも同じ理由によるもので、こののち陸軍機も胴体に日の丸をつけるようになり、さらに味方識別を容易にするため、主翼内側前縁を黄色に塗装するようになった。荒蒔より先に離陸した梅川准尉はB25を一機撃墜し（燃料不足で途中から引き返したという説もある）、新鋭キ61の威力の片鱗《へんりん》を示した。

ドーリットル爆撃隊による空襲、そのあと六月五日のミッドウェー海戦での大敗など、いやな出来事はあったものの、ソロモン諸島ガダルカナル島にわが海軍が建設中だった飛行場をうばうべく米軍が上陸を開始した八月七日の時点では、国内にはまだそれほど深刻な危機感はなかった。事実、大本営も敵のガダルカナル上陸を、それほど重大視してはいなかったのである。

その二週間後、各務原の川崎岐阜工場では、まだ制式採用が決定されないままキ61一型の大量生産がはじまった。立川の技研でのテストでは、冷却器の問題が完全に解決していなかったし、点火プラグは汚れやすく、噴射ポンプは錆び、油圧系統からは油がもれ、機体に重力がかかると弾丸が出なくなる現象は依然として改善されていなかったが、陸軍は次期戦闘機のすみやかな整備の必要に迫られて焦っていたのだ。

波乱の試作機時代

キ61一型の大量生産が開始されてから二週間後の九月四日、早くもキ61二型の設計がはじまり、設計室の多忙に新たな拍車がかかった。戦争も第二段階に入り、ソロモン、ニューギニア方面が主戦場になると、敵の航空兵力は質量ともに緒戦のころとは格段に優勢となり、海軍の零戦はともかく、十二・七ミリ機関砲二門の隼戦闘機の弱体が目立つようになった。しかも二式戦闘機鍾馗となった中島のキ44は、航続距離が短いために南方作戦には使えないことが明らかになっていた。

立川や福生での軍のテストではトラブルが多く発生していたが、キ61の基本設計の優秀さはだれもが認めるところで、それをさらに裏づけるような機会がおとずれた。

以前から陸海軍は、相互の戦闘機同士による他流試合をやって比較研究していたが、この年は空戦ではなく、それぞれの試作機を持ちよって、たがいに試乗してみようということになった。

場所は東京都下福生の陸軍航空審査部の飛行場（現在の米空軍横田基地）、陸軍は鍾馗、川

脚収容室及びその付近(左翼を下面より見る)

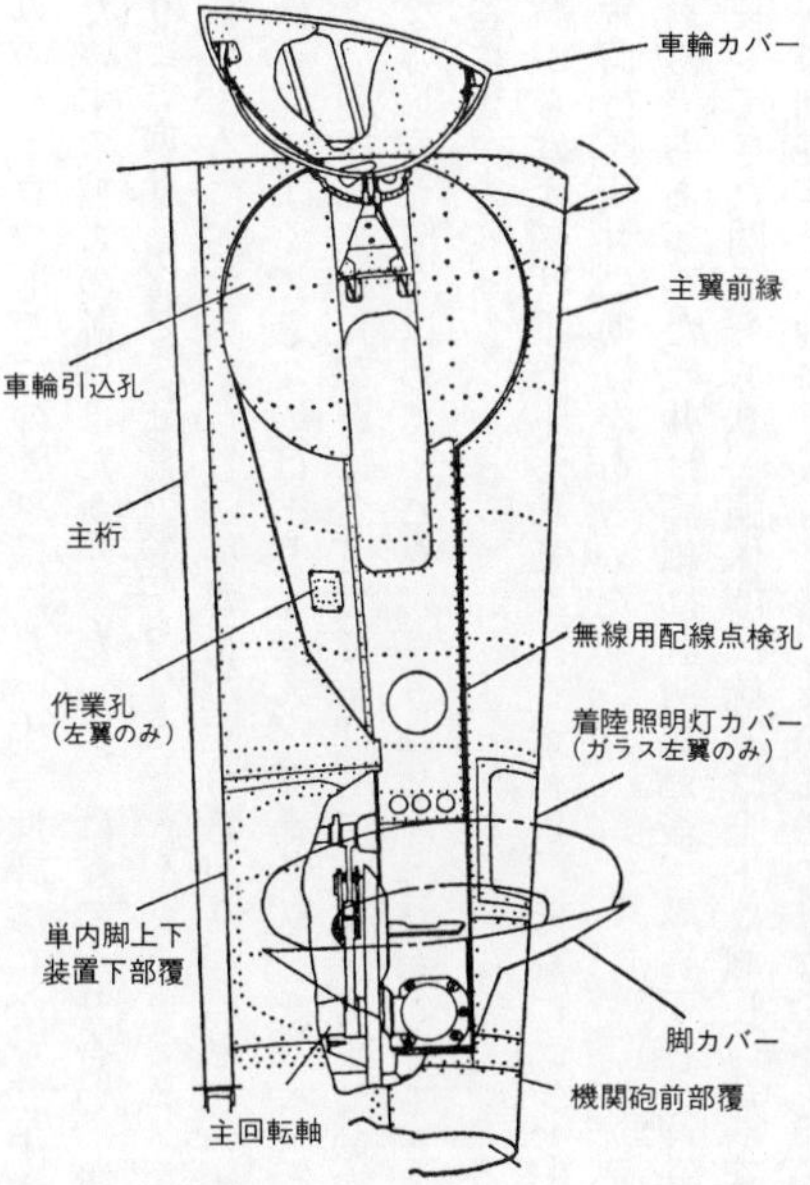

崎のキ45(のちの複座戦闘機屠龍)、それにキ61の三機種、海軍はのちに雷電となった十四試局地戦闘機と、もともと多座戦闘機としてスタートした中島の二式陸上偵察機の二機種だった。このうち鍾馗は雷電と似かよった性格だったし、キ45ものちに複座の夜間戦闘機月光となった二式陸偵とほぼ同じ意図で設計されたものだったから、キ61だけが異色の存在であった。

昭和十七年十二月二十一日、審査部のパイロットたちが十四試局戦と二式陸偵に、横須賀航空隊および海軍航空技術廠飛行実験部のテストパイロットたちが鍾馗、キ45およびキ61にひととおり試乗を行ない、午後二時から将校集会所で陸海軍パイロットと技術者による戦闘機研究会が開かれた。はじめに陸海軍それぞれの担当者から各機種についての説明があり、ついで長所、欠点などの意見がのべられた。海軍のパイロットたちの陸軍機にたいする批評は、かなり手きびしいものがあったが、キ61にたいする彼らの評価はたかかった。とくに舵のつり合い、重さ、効《き》き、急降下の出足とすわり（方向性）の良さなどに魅せられたらしい。おわりごろにベテランらしい兵曹長が立ちあがり、「私がいままで乗った飛行機の中で、キ61ほど舵のよくできたのはありません。荒蒔少佐、どうやって仕上げたかお教えねがいます」と、列席していた荒蒔に名ざしで質問してきた。海軍に顔が売れていることはわるい気はしないし、キ61をほめてくれたのはうれしかったが、さてどう答えたらいいものやら、彼は返答に困った。

川崎からはオブザーバーとして土井、大和田、それにエンジンの田中技師らがきていたので、荒蒔は、土井に助けをもとめた。

やおら立ちあがった土井は詳細に説明した後、「わが社では昔から縦に細長い液冷エンジンを使ってきた関係もあり、胴体は伝統的に上下に細長い角型断面を採用しておりますが、これが方向安定その他に、最も影響しているのではないかと思われます」と、つけ加えた。実際にキ61の胴体断面は、もっとも大きいところで幅八百四十ミリ、高さ一千三百五十ミリのほぼ角型断面であり、星型の空冷エンジンを装備した零戦や隼、鍾馗などの丸味をおびたものとちがっていた。

洗練された操縦感覚の点では世界無比ともいうべき零戦に乗りなれた海軍のパイロットた

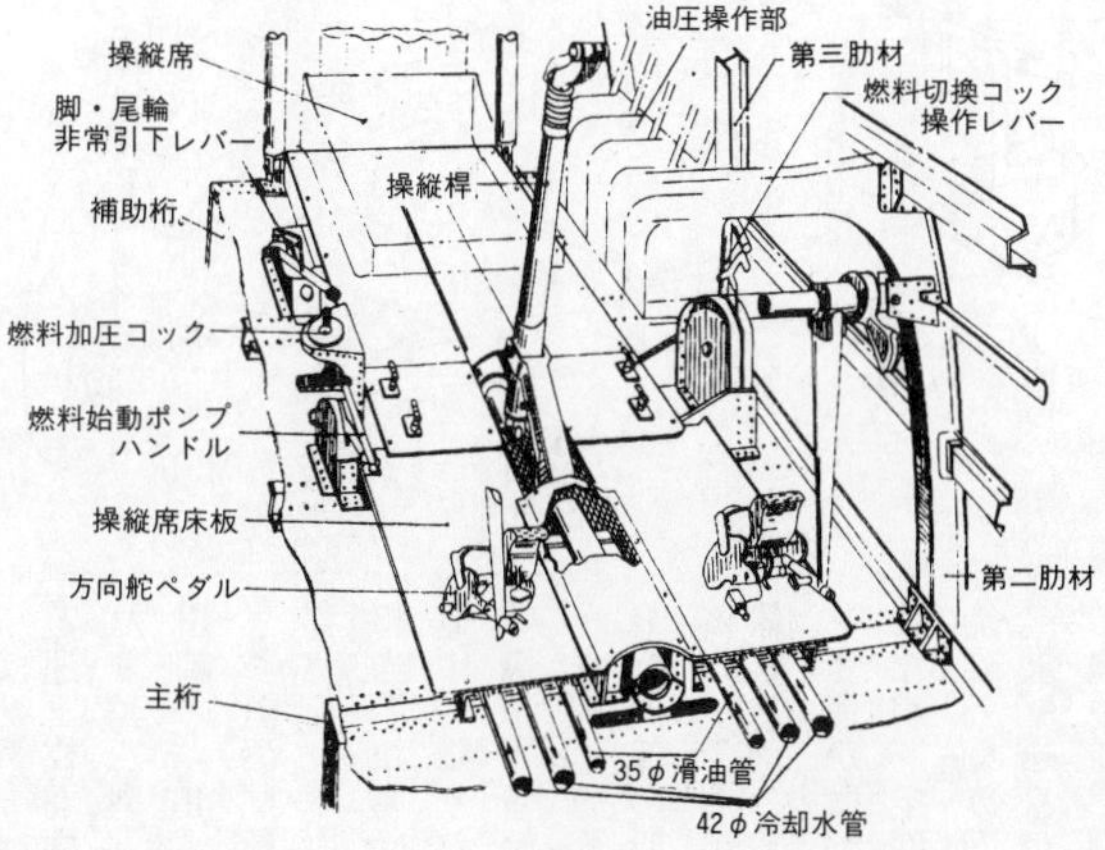

ちから、舵の効きについてほめられたことに、荒蒔も土井も内心大いに鼻を高くした。そして彼らがキ61は高速時に舵が重いと評したことについては、とくに反論はしなかった。むしろ、重戦闘機において海軍に一歩先んじたことを誇りにすら思ったのである。

まだキ61の試作機による審査が行なわれていたころ、熱地試験というのがあった。戦闘機に限らず軍用機はすべて、極寒から酷暑までのあらゆる気候条件のもとで使用に耐えるものでなければならない。熱地試験も実用審査の一つのテーマであるわけだが、すでに南方地域の占領が進んでいたので、このテストはシンガポールのテンガー飛行場で行なわれることになった。

熱地試験の対象になったのは新型機

操縦装置

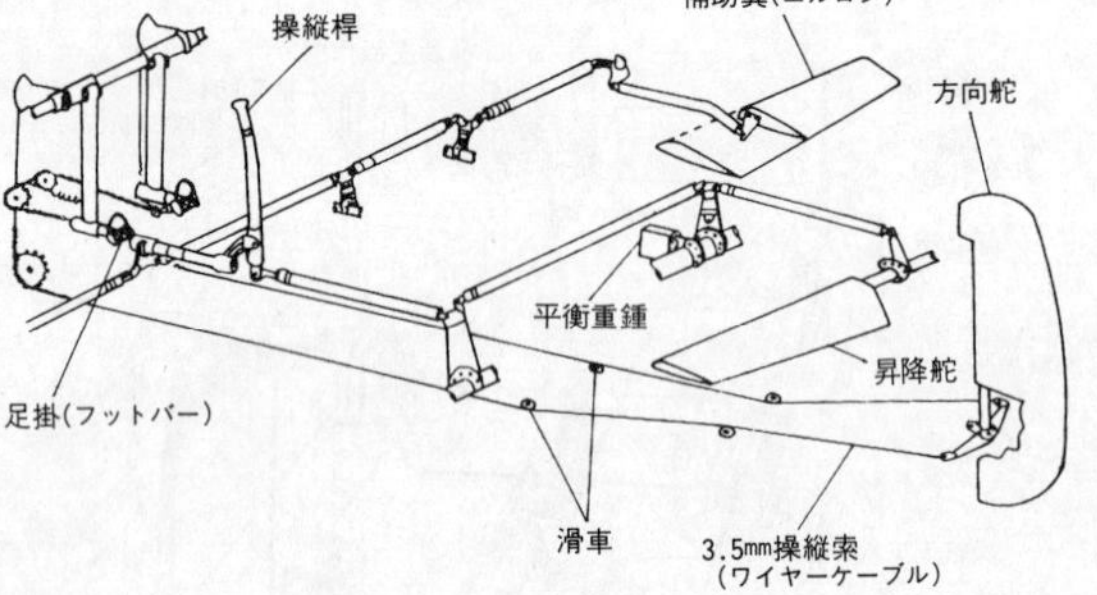

ばかりで、キ43一型のエンジン出力を強化しプロペラを定速三枚羽根に改めて速度の向上と武装の強化をはかったキ43二型、双発でのちに二式複座戦闘機屠龍となった川崎のキ45、それにキ61の三機種がえらばれた。

キ61に同行したのは審査部の荒蒔少佐で、審査担当の各パイロットはそれぞれの飛行機で飛び、技術者や整備担当者たちは九七式重爆撃機に便乗して行った。しかし途中で降りた中継地で機体の具合を見なければならない整備担当者は、重爆の機内でも気が休まらなかった。

キ61整備担当の阪井雅夫准尉は、陸軍航空技術研究所飛行機部の所属で、キ60およびキ61を担当する前に、川崎に一ヵ月ほど実習に行き、その後はずっと試作機の整備をやってきた。あつかいなれたこれまでの空冷エンジンと何かにつけて勝手のちがう液冷のハ40にもだいぶなれたが、条件が苛酷となるこんどの熱地試験は、正直なところ気が重かった。

果たせるかな、立川から最初の着陸地、新田原まで行く途中で、潤滑油が洩れ始めたのだ。オイルは黒く、しかもベッタリ付着するので、量はたいしたことはなくてもひどく洩れたように感じられる。もうすこし様子をみようということで沖縄の那覇まで飛んだが、さらにひどくなった。阪井准尉たちは油冷却器をおろしてハンダづけの補修をやることになったが、これがたいへんな作業だった。

キ61の油冷却器は、水冷却器とひとまとめになっており、中央が油、その左右に水と三個の冷却器が一体になっていたので、油冷却器を修理するには水冷却器もおろさなければならない。冷却器の構造は自動車用を大きくしたようなもので六角管が使われていたが、百馬力そこその自動車用の冷却器から察しても、一千馬力エンジンの冷却器がいかに大きく重いかが想像できよう。

夜中までかかって洩れた個所のハンダづけ補修をおわり、翌朝、広東まで飛んだが、またしても胴体下面にオイルがついたので補修のやり直しだった。広東からさらにサイゴンを経由してシンガポールのテンガー飛行場についたが、キ61で飛んだ荒蒔少佐の方も、決して快適な飛行ではなかった。

キ61の試作段階で剛性不足が問題となった風防。最終的にスライド式となったが、乗員は視界の良否に神経をつかった。

キ61はオイル・タンクが、操縦席の床下、足のあたりにあり、エンジンをまわせばオイルの温度が上がるから、ちょうど湯たんぽをかかえているようなもので、寒いところでは格好の暖房になるが、暑い地方ではたまらない。操縦席の中はむし風呂同然で、飛行服はグッショリ、頭はボーッとしてくる。それでも二千メートル以上にのぼると外気温度が低くなって、ようやく涼しくなったという。当時の戦闘機乗りには抜群の体力と気力が必要であった。

個性的な人物の多い戦闘機将校のなかでも、荒蒔はとくに異色の存在だった。彼は、立身出世のために上にへつらい下につらくあたるという世の風潮とは、およそ正反対の性格だった。自分が正しいと信ずることについては、どんなお偉方にも突っかかっていくかわりに、部下にたいしては極力その非をカバーした。そして部下だけでなく、技術を尊重して会社の技術者たちの意見によく耳を傾けた。会議で軍の上級将校たちは会社の技術者たちの発言をよく理解しようとせず、単純な精神論でかたづけてしまおうとする傾向があったが、荒蒔は技術側を代弁して、相手がたとえ将官であろうとも、とことん主張を押し通した。

その荒蒔も、キ61の風防テストで生命を失いそうになった事故に遭ったことがある。視界の良し悪しは、空戦能力に直接関係があるので、パイロットは風防にはかなり神経を使う。キ61は前後スライド式で進められていたが、第二案として、Me109のような横開き式もやってみることになり、増加試作第十三号機が改造された。テストは荒蒔少佐の手で行なわれたが、この風防が上空で突然つぶれた。剛性不足で風圧でつぶれたか、何らかの原因で風防が開いてあおられた結果か原因はわからないが、とにかくつぶれた風房が操縦席内の荒蒔の頭を低く押さえつけてしまった。

おどろいたのは荒蒔だ。いきなりガンと頭を叩かれたと思ったら計器板が目の前にあり、前方がまったく見えない。しかも全速飛行を開始した直後とあって、危険きわまりない状態だ。すぐにエンジンをしぼり、わずかに残された左右の視界を頼りに、かろうじて飛行場に滑りこんだ。

操縦者の見あたらない飛行機が着陸してきたので、地上では大さわぎとなった。停止したキ61の操縦席に駆けよった人びとは、つぶれた風防の中の荒蒔を見てびっくりした。

「どうしたんですか?」

「どうもこうもない。風防がつぶれて出られないんだ。はやく出してくれ」

風防がこわされて荒蒔は引っぱり出されたが、これで横開き式風防は中止になった。

Me109の風防枠は頑丈な鉄製だったが、こちらは枠も風防ガラスも目方を軽くするために華奢なものが使われていたせいだった。

整備員泣かせの国産エンジン

キ61の性能向上と並行して、前年の昭和十六年にハ40エンジンにたいしても、圧縮比を上げ、吸入効率を改善し、ブーストを上げ、メタノール噴射を行ない、回転数を上げるなどして出力を一千百馬力から一千三百五十馬力に向上させる計画が進められていた。これがハ140

で、キ61二型はこのハ140を装備することを前提に設計が進められた。二型では一型の十二・七ミリ機関砲四門のうち主翼内の二門を二十ミリに改め、性能向上とともに機能の確実化、整備の容易化をはかることなどが設計の眼目だった。この狙いに沿って主翼幅は一型と同じ十二メートルだが、翼弦長をふやして主翼面積を二十二平方メートルとし、最大速度は六百四十キロを目標とした。

こうした中で、東京日日新聞社（現在の毎日新聞社）からキ61の設計開発にたいして「ニッポン賞」が贈られることになり、会社を代表して土井課長と大和田技師が出席したが、これは、川崎技術陣全体にたいする〝勲章〟であった。

十二月一日、川崎航空機では組織と職制の大幅な改変があり、試作部と研究部が新設されて、土井は三十五歳の若さで試作部長となった。部長になっても、土井はあいかわらず設計室をのぞいてまわって適切なアドバイスをあたえ、ときに秀逸なヒントを出した。戦闘機設計では先輩にあたる中島の小山悌《やすし》技師長とともに、いまや陸軍部内における土井の評価は確固としたものとなり、海軍機ではあるが三菱の堀越二郎技師をもふくめて日本の戦闘機設計を代表する三人のうちの一人と目されるようになった。もっとも、このころ戦闘機設計のもう一つの勢力が台頭しつつあった。

それは菊原静男技師のひきいる川西航空機の設計陣であり、戦局の推移からそれまでの飛行艇設計をやめ戦闘機に進出してきたのだ。まず、水上戦闘機強風を手がけ、中島が零戦を水上機化した二式水上戦闘機を上まわる高性能を示すとすぐに陸上機化に着手し、強風の機体を最大限に生かして陸上戦闘機を作り上げた。これが紫電であり、のちに紫電改へと発展して行く。

小山、土井、堀越、菊原の四人の中では大正十四年に東北帝大を卒業した小山が最年長だが、いずれも三十代という働きざかりだったことが、困難な戦争の最中に新鋭機をつぎつぎと生み出す原動力となったのだ。それもトップ・メーカーの中島、三菱よりやや世帯の小さい川崎、川西の方が仕事のピッチがはやい。川崎の土井は五、六機種の戦闘機の開発を同時にやってのけたし、川西の菊原は強風を飛ばせた同じ年の暮れに紫電を、さらに一年後に紫電改を飛ばせるというはなれ業を見せた。

戦争も三年目、昭和十八年となり、初飛行後一年とちょっとでキ61は、三式戦闘機（飛《ひ》燕《えん》）として制式採用が決まったが、生産はすでに前年の八月に開始されていた。ソロモン、ニューギニア方面での敵航空勢力の圧力が増大し、一式戦闘機隼では太刀打ちできなくなっていたので、速力、火力にまさる三式戦闘機飛燕のすみやかな前線進出が望まれていたからである。

注、川崎航空機・年表（巻末）によると、キ61が「飛燕」と命名されたのは昭和二十年一月となっているので、厳密にいえば、それ以前は〝キ61〟もしくは〝三式戦〟と呼ばなければならないが、便宜上「飛燕」の通称を使うことをお許し願いたい。

各務原の川崎岐阜工場では飛燕の組み立てが、明石工場ではハ40エンジンの生産が、徐々にではあるがピッチを上げつつあり、昭和十八年一月には岐阜工場で約二十機の飛燕が生産された。最初の飛燕装備部隊である飛行第六十八戦隊への引き渡しは前年の十二月から行なわれ、六十八戦隊は戦闘機の総本山ともいうべき三重県明野基地で機種改変と未修訓練（新しい飛行機になれるための訓練）を開始した。

第六十八戦隊は第七十八戦隊とともに、昭和十七年三月に第十四飛行団（飛行団長立山武雄中佐）として満州のハルピンで編成された戦闘機隊だ。戦隊長は隼戦闘機隊で有名な軍神加藤建夫少将と同期の下山登少佐で、歴戦の飛行第九、第十三、第六十四戦隊から抽出されたベテランパイロットを基幹として編成されていた。飛燕の生産が進むにつれて部隊の装備機は、九七式戦闘機から飛燕にかわっていったが、なれない新鋭機にとまどったのはパイロットより、むしろ整備員たちのほうだった。

彼らの多くは液冷エンジンの経験がなかったし、ハ40そのものにも多くの難点があったから、故障の多発によって機種改変に手間どった。熱地試験から帰って、航空技術研究所から航空審査部に移っていた阪井雅夫准尉は、航空本部の命令で明野に行ってみておどろいた。新しいエンジンなのに取扱説明書が充分に行きわたっていないし、それに教育もさっぱり徹底していない。

「阪井准尉殿、エンジンの力がありません。どうしたらよいでありますか、か、か？」

救世主到来とばかり、独特の陸軍式言葉づかいで、戦隊の整備員が阪井の顔を見つめていう。陸軍用語の「処置なし」が、その困惑の表情にありありと読みとれた。

阪井は、これまでの審査部での経験からすぐにピンときた。フルカン接手の調節不良にちがいない。戦隊では持てあましもののハ40のエンジンを阪井は完全にモノにしていたから、ポイントさえ押さえれば悪くないエンジンだと思っていた。

上空に上がると空気が薄くなってエンジンの出力が低下するが、空気を余計に送ってやればかなりそれを防げる。この働きをするのが過給器《スーパーチャージャー》で、飛燕のハ40ではエンジンの後部にあって、エンジンによりフルカン接手を介してまわされるようになっていた。フルカン接手というのは、オイルづけになった密閉容器の中に一対の扇車があり、片方の扇車がまわるとオイルを介してもう一方の扇車がまわるしかけの動力伝達機構で、現代流にいえば自動車のトルコン装置に似ている。ギアを使ったものとちがって無段階に回転をかえることができ、高度に応じて最良の馬力が出せるようになっていた。しかしオイルの調節がわるいと扇車間の回転の伝達がなめらかにゆかず、エンジンの馬力ばかり食って一向に出力は増えず、低高度でアップアップという悪現象がでる。したがってフルカン接手に流れるオイル量の調節が重要だった。

この調節は、エンジンの吸気マニホールドと扇車のすぐ後ろと二ヵ所の吸入圧力を見ながら、エンジン回転を上げたり下げたりしてやるのだが、エンジン全開にすると飛行機は前につんのめってしまうので、尾部があがらないように機体の後ろに杭を打ってロープで縛りつけなければならない。

地上でのフルカン接手の調節でもう一つ気をつけなければならないことは、エンジンのオーバー・ヒートだった。エンジンは何度も全開にして運転しなければならないが、気温の高い地上ではどうしても冷却水の温度は上がりがちになるので、ホースで冷却器に水をかけてやらねばならなかった。

自動車でもオーバー・ヒートすると、エンジンに力がなくなることを経験された読者も多いことと思うが、パイロットのなかにも冷却器のシャッターの調節をわすれて地上滑走中に〝お湯をわかし〟て飛べなくなる者もいた。整備員もパイロットも不慣れな新型液冷エンジンにとまどっていたのだ。

阪井はエンジン回転の上げ下げを三回ぐらいすれば、たいていのフルカン接手の調節をやってのける自信があったので、片っぱしから不調の機体をなおしながら整備員の教育もやった。

冷却器の故障も整備員たちを悩ませたものの一つだった。とくに、条件のちがう水とオイルの冷却器をいっしょにして同じシャッターで温度調節をする構造に無理があったようで、油温上昇や冷却器からのオイル洩れの故障はあとを断たなかった。

一週間ほど部隊にいてトラブル・シュートと整備員教育をやって審査部に帰った阪井は、一二週間ぐらいしてまた呼び出された。行ってみると以前と同じ故障をくりかえしており、一向に改善された様子が見えない。阪井はいささか情けなくなったが、ムリもなかった。当時は比較的質が高いと思われた航空隊の兵隊の中にも、字の読めない者がかなりいたのだ。

戦時中の軍の取り扱い説明書を見ると、かたい文体でむずかしい漢字や用語がやたらに使われている。せめて、写真や図がわかりやすければいいのだが、これがまた設計図をそのまま借用してきたような難解さである。アメリカ軍にも文盲の兵隊は多かったらしいが、彼らのは、そういう兵隊にもわかるように絵や漫画を多用し、字が読めなくてもある程度わかるようになっていた。しかも字の読めない者でも自動車にはふだんからなじんでいたから、貧しい農村に生まれておよそ機械などとは無縁な環境で育った多くの日本の兵隊たちとの間には、飛行機やエンジンに限らず兵器の取り扱いや整備の面で、かなりのハンディがあったことは否《いな》めない。

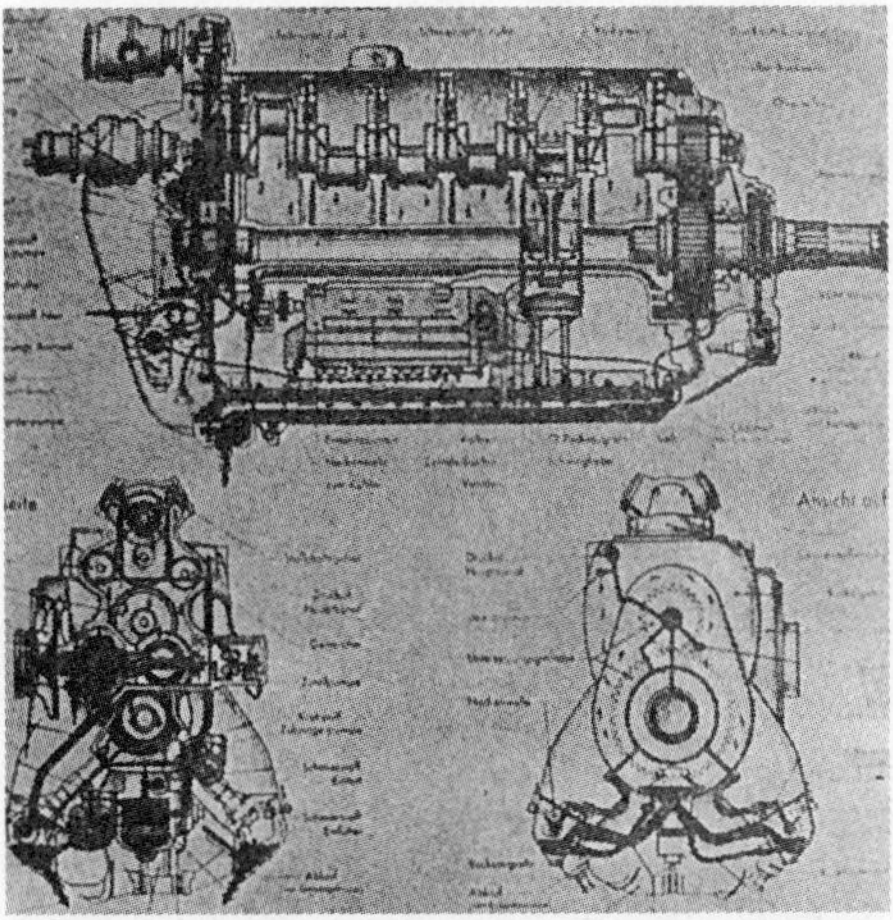
「飛燕」に搭載されたエンジンのオリジナル・ＤＢ601の断面図。日本の工業水準を越えた優秀な発動機だった。

　半面、ある程度の教育を受けた日本の整備員たちは、持ち前の勤勉さと器用さとにモノを言わせてすばらしい万能ぶりを発揮した。しかし、少数精鋭でよかったひとむかし前の戦争ならいざ知らず近代戦では少数の名人芸よりは多数の平均的レベルの技能を必要とした。
　阪井は油まみれでハ40と取り組みながら、審査部で手がけたメッサーシュミッ

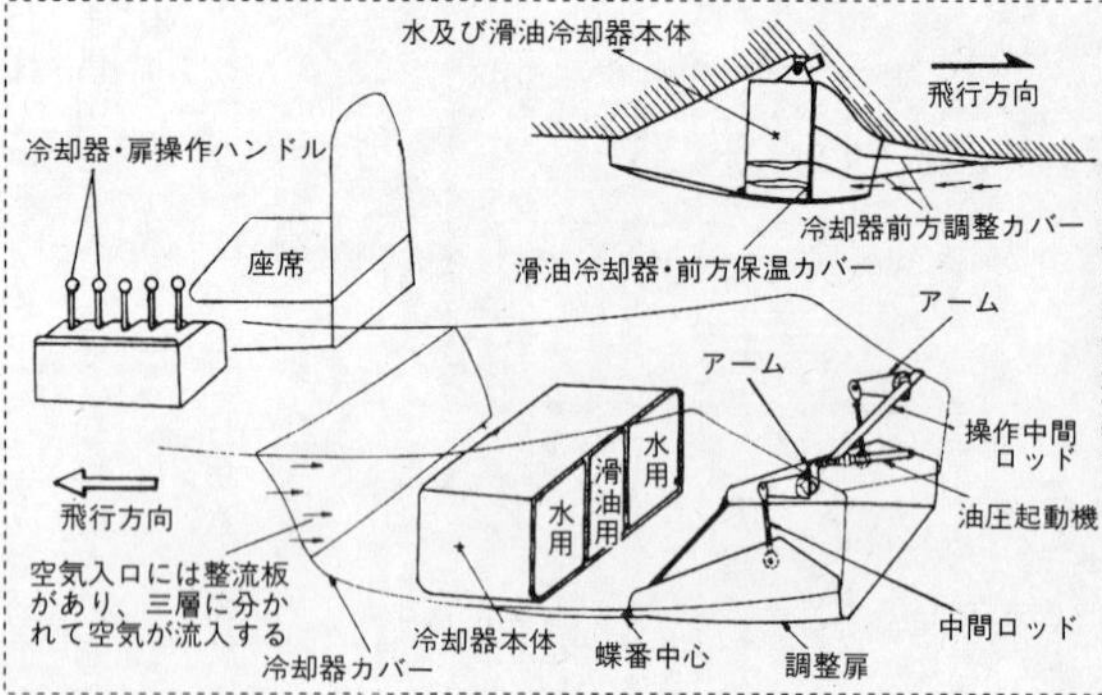

水及び滑油冷却器調整装置

トMe109や分捕ったカーチスP40のことを思った。これらの外国機は、飛んだあと半年間ほっておいても、すぐにエンジンがかかった。そして油洩れなどはまったく見られず、いつも新品のようにきれいだった。整備の手がかからないようにできていたのである。

思えばハ40は、不運なエンジンであった。もともとオリジナルのダイムラーベンツDB601は、新興ナチス空軍の要望にこたえた優秀なエンジンで、政治的にも出力的にも、ライバルのユンカース・ユモ211型をおさえて量産されたが、各気筒計四個の弁方式（今流にいえば四《フォー》バルブ）で吸排気弁の一組ずつを一個のカムで動かしたり、クランク・ピンにきわめて複雑な構造のローラー・ベアリングを使ったりして、設計技術的に見て「不要な行き過ぎ」が多く、「何もそこまでの構造にしなくても」といった点がかなりあったため、軽合金鋳物、ベアリング、その他の基礎産業技術に不備の点が残っていた日本国内では量産のむずかしいエンジンであった。加えて、戦時の急激な生産拡張への要望をみたすため徴用工、動員学徒、挺身隊（婦女子をふくむ）といった素人工が、ろくに技能教育を施されないままに多数工場に流れこんできたため、彼らによってつくられる部品の工作精度が大きく低下し、ただでさえむずかしいダイムラーベンツ・エンジン量産の困難度をさらに倍加した。

胴体式の冷却器、空気取入口を前から見たところ。内部中央に滑油、左右に水冷却器があり、風速分布は一様となった。

この点については、ＤＢ601エンジン技術導入の初期の段階で交渉にあたった川崎のパリ駐在員林貞助技師（前出、名城大学教授）がいみじくも指摘していた。

『私は何回かドイツのエンジン工場を見た経験から、ダイムラーベンツは斬新なことをやっているが日本の工作技術ではむずかしいから、むしろユンカースのエンジンのほうがいい、と意見具申した。結局ダイムラーベンツを購入することになってしまったが、国産化におよんで私の危惧《きぐ》が適中した。

ＤＢ601の特徴であるクランク軸のローラー・ベアリングなども、その一つだった。ベアリング（軸受）のローラーの角の部分を顕微鏡写真に撮って、ＤＢと国産のとをくらべてみたことがあった。するとドイツのは自動研磨盤か何かでやったらしく、角はきれいな二次曲線の丸味をおびていたが、日本のはベアリング工場の女子工員が手作業で角研磨をやっていたので角が立っていた。しかも角の立ち方が一個ごとにちがっていた。これではローラーに荷重がかかって弾性変形（荷重を除くともとにもどる）をしたとき、荷重のかかり方が一様でないから、きつくあたったところの金属結晶が破壊されてピッチングをおこし、クランク軸消損の原因となった。

たしかにDBは、ドイツ的なすぐれたエンジンではあったが、わが国の一般の基礎工業技術水準からみて買うべきではなかったと思う』

ベアリングのローラーの角の仕上げのちがいが故障の原因などと言っても、ミクロ的な金属分子内の現象なのでちょっと目にはわからないが、とどのつまりはベアリングの破損という、エンジンにとって致命的な故障となってあらわれた。

林技師の意見は図星であったが、好調時のハ40はやはり魅力あるエンジンだったようだ。とくにこのエンジンの心臓部分とも言うべき燃料噴射ポンプの威力は大きかった。

福生の陸軍航空審査部には一式戦隼、二式単戦鍾馗、二式複戦屠龍、三式戦飛燕などの戦闘機をはじめ、多くの試作機があった。これらの飛行機は、朝礼後、整備員たちによっていっせいにエンジンを始動するのが日課になっていたが、いつも飛燕のエンジンが一番はやくかかった。とくに寒い冬の朝などは、エンジンがあたたまらないで他の空冷エンジンの班は苦労しているのに、キ61の班はもっともへたな整備員がやっても一発でまわったという。

キャブレターのない燃料噴射式の利点は、また同じ液冷エンジンでありながらDBをロールスロイスの優位に立たせる効果を発揮した。

一九三六年（昭和十一年）、川崎のパリ駐在員林技師が現地の航空ショーを見に行ったときのことである。

英空軍は、この航空ショーに最新鋭のスーパーマリン・スピットファイア戦闘機を出場させ、そのアクロバット飛行は観衆を魅了した。しかしその飛行ぶりを冷静に見ていた林技師はスピットファイアが背面姿勢になったとき、わずかに黒煙を吐くのに気がついた。なお目をこらして見ていると、そのとき高度もやや落ちるようだった。

「フロートつきキャブレターのせいで、背面になったときキャブが息をつく（燃料供給が瞬間的にとだえる現象）ためだな」と、エンジン屋の林は、すぐに理解した。その後、大戦になってスピットファイアはMe109と対戦することになったが、このキャブレターの息づきのせいで戦闘動作におくれをとることがあり、至急フロートレスのキャブレターを開発して対抗したと伝えられた。これを聞いて林は、さてこそ、と思ったという。

「バトル・オブ・ブリテン」で展開したメッサーシュミット対スピットファイアの壮烈な戦闘も、とどのつまりは、DB601対ロールスロイス・マーリンの戦いだったと言えるのではないか。

第四章　新鋭機の活躍

海を渡る陸軍機

阪井准尉たちの協力により不充分ながら一応の整備をおえた第六十八戦隊に、いよいよ南方進出の命令が下った。新鋭三式戦闘機飛燕部隊の初の第一線出動とあって、昭和十八年三月二十日、杉山元参謀総長がわざわざ明野にやって来て壮図を激励した。

明野を飛びたった五十五機の飛燕は、航空母艦「大鷹《たいよう》」に積み込みのため横須賀航空隊の追浜《おっぱま》飛行場に着陸した。五十五機の飛燕は「大鷹」の甲板上に係留され、パイロットとともに四月四日、横須賀を出港した。

第一の目的地は南方最大の基地トラック島で、ここからラバウルまでは空路をとることになっていた。

途中平穏な航海を続け、約一週間でトラック島に着いた。桜の内地から急に赤道にちかい南洋諸島にやってきた陸軍のパイロットたちにとっては、すべてがもの珍しかった。戦時色におおわれた内地にくらべ、すべてが明るく物資もゆたかで、最前線にちかい基地とは思えないほどだった。ここで訓練、整備で約二週間をすごし、四月二十五日、ラバウルに向け出発することになった。

ところが戦隊長下山登少佐が下痢で飛べなくなり、戦隊長の飛行機には第一中隊の中川鎮之助中尉が乗って行くことになった。先頭中隊として先に上空に上がった中川中尉は、編隊を組みながら後続機の追随してくるのを待ったが、地上ではエンジン故障の飛行機でも出たのか、なかなか上がってこないのでイライラしていた。トラック島からニューブリテン島のラバウルまでは直線でおよそ一千五百キロ、飛燕の航続距離をもってすればそれほど恐れることはないが、はじめての不慣れな洋上長距離飛行とあって少しでも燃料を節約しておきたかったのだ。

結局、一時間ほどかかってようやく全機空中集合をおえたが、この状態では前途に多くの困難が予想された。果たして、トラックから約一時間ほど飛んだところで、後方の編隊の指揮官大木正一曹長機が急に反転して高度を下げ、海上に不時着してしまった。僚機の話によると、大木曹長は海上に浮いていた機体の上でしばらく日の丸の旗をふっていたが、そのうちに、海中に吸い込まれるように姿を消してしまったという。なお僚機が目をこらして見ると、大木曹長が消えたあたり一面に白波がざわめき、おびただしい大魚の黒い影が見えたという。曹長は鮫《さめ》に襲われたと推定された。

はやくも犠牲を出しながら編隊はなおラバウルめざして飛びつづけたが、誘導の百式司令部偵察機が突然バンクをふって反転しはじめ、編隊全機もこれにつづいてトラックに引き返した。

機上無線電話が使えないので何のことかわからなかったが、降りてからラバウル方面天候不良のためと知らされた。一千キロ以上の海上飛行ともなると、全航程快晴ということはめったにない。南方特有のスコールがどこかで行手をさえぎることが多いのだ。

再度の出発は四月二十七日、空中集合に時間がかかりすぎた前回の経験から、こんどは中隊ごとに行くことになった。第一陣は下痢をおしての下山戦隊長の指揮する十三機で、中川中尉も同行した。前回とちがって、こんどは数も少ないので一旋回で空中集合をおえた。

コースは、少しでもコンパスの誤差の影響を少なくするため、トラックから二時間ほどのグリニッチ島に飛んでから、ラバウルに向け変針することになっていた。だが編隊が目的地に向け飛びはじめたとき、コンパスを見た中川は愕然とした。百八十度を指していなければならないはずのコンパスの針が、百五十度を指しているのだ。

「おかしい、コースが大幅にそれている。戦隊長のコンパスが狂っているんじゃないか？」

パイロットたちはみんな拳銃のほかに日本刀を機内に積んで持って行くが、鉄はコンパスを狂わせるので、出発前にかならずコンパスの誤差修正をやることになっていた。それはいつものことながら確実にやったと、中川は確信をもって自分にいい聞かせた。

「たしかに戦隊長のコンパスが狂っているか、あるいは勘ちがいをしているにちがいない」

俗に〝空中の六分頭〟という言葉がある。飛行機に乗って上空に上がったとき、空気中の酸素が薄くなるので頭のはたらきが鈍くなることをいったものだ。

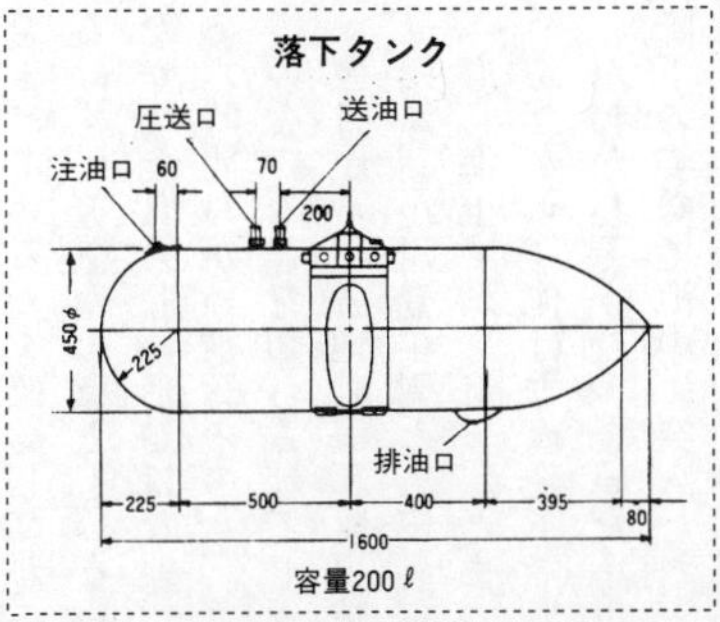

出発前の戦隊長の心労というのは、たいへんなものだ。部下全員の掌握、訓練のこと、補給のこと、作戦命令のこと、そして長距離海上飛行のための準備などで一般の戦隊員の何倍もの気を使う。それに加えて下痢による肉体の疲労である。

〝空中の六分頭〟がさらに低下して勘ちがいがあったとしても不思議はない。しかも誘導することになっていた頼みの百式司令部偵察機の姿が、なぜか見あたらない。

中川は僚機をつれたまま戦隊長機に近より、翼をふったり手まねで方向をゆびさしたりして、コースがちがっていることを知らせようとした。しかし戦隊長は依然としてまっすぐ飛んで行く。気が気ではないが、機上電話が通じない。再三同じことをやってみたが、戦隊長機がコースをかえる気配はまったくみられない。

やがて飛行時間は四時間になろうとしていた。まともにゆけば三時間半でニューアイルランド島の手前にある島々が見えてくるはずだ。さすがに、コースがおかしいと気づいたのか、戦隊長機の姿勢に動揺がおきた。そのうち高度が下がりはじめ、前方に見えた小島の海岸に不時着してしまった。

あとで知ったことだが、ラバウルから約三百キロはなれたヌグリア島という小さな珊瑚《さんご》礁《しょう》の島だった。中川は僚機をつれたまま上空を二回ほど旋回し、戦隊長が飛行機から出て旗をふっているのを確認してからラバウルに向かった。ところが後ろを見ると、ついてきているはずの僚機が二機ともいない。あるいは海上に不時着かと思って付近の海面をさがしてみたが、それらしい形跡はない。

六時間ちかい飛行ののち、ラバウル西飛行場に着陸した中川は、まだほかには一機も着いていないことを知らされてドッと疲れが出た。

翌日から、各地の海軍監視哨や基地から陸軍パイロット救出の報が入り、中川をホッとさせたが、小川登中尉と吉田晃軍曹の行方はわからなかった。

「もし海上でエンジンがとまったら、不時着したって太平洋のまっただ中じゃ助かりっこないんだから、俺は垂直降下で海に突っこむよ」

かねがねそう言っていた小川中尉は、言葉どおり僚機に訣別のハンカチをふりながら背面降下の姿勢で海中に突入したという。ひろい洋上に一人ただよう孤独感と、それにまつわる生命の危険と恐怖には、なみの神経では耐えられない。吉田晃軍曹も同じようにして海中に消えた。さらにトラックに引き返した二機のうち、後続中隊とともに再出発した小川義人軍曹も同じ運命に見舞われたことがわかった。

トラブル続出

さんざんだった戦隊の空中移動にくらべ、輸送船に乗った整備員その他の地上勤務員約三百名は四月二十六日、ラバウルについた。結局、飛行機より船が先に着くという奇妙なことになった。しかも苦労の末のラバウル展開にもかかわらず、第十四飛行団司令部の進出がおくれている上に、後続の第七十八戦隊は、まだ内地で練成中とあって飛行団としての戦力の集中発揮ができず、とりあえず第十二飛行団の指揮下に入ることになった。

このころ、内地の明野では前線に向かった第六十八戦隊にかわって、満州からやってきた高月光少佐の第七十八戦隊が機種改変と慣熟飛行をやっていた。

キ61の生産も四月三十七機、五月四十四機、六月四十機と、しだいにふえていたが、エンジン関係をはじめとするトラブルは依然として続出して部隊を悩ませていた。

こうした故障にたいする非難は主に設計者たちに向けられたが、せっかく占領した南方諸地域の戦略物資も輸送がままならないため、質の悪いのや代用材料を使い、熟練工の召集などで技術の低下した下請け会社で部品を生産しなければならない悪条件がかさなって不良部品が多く、ある部品を作っている下請け会社の検査では半分が不合格だったという。

規格どおりの検査をやっていたら親会社の生産計画は大幅に狂ってしまうので、やむをえず検査規格をゆるめなければならなかった。しかも不良ではねられた部品も決して破棄されたわけではなく、軍の航空廠など、比較的検査のあまいといわれた方面に流れて行ったのである。

こんなことがかさなって、最後に泣かされるのは部隊の整備員たちであり、パイロットたちであった。

木村昇陸軍技師（前出、のち技術少佐）の記録によると、出動準備中の第七十八戦隊からの整備状況報告はつぎのように惨憺《さんたん》たるものであった。

（イ）滑油冷却器の修理は一ヵ月間に約六十一回。（ロ）プロペラ軸、冷却器、油圧系統よりの油洩れのため飛行不可能。（ハ）混合比管制器（空気とガソリンの混合割合をコントロールする装置）の不具合。（ニ）燃料系統の洩れ。（ホ）降着装置の油圧洩れ。

滑油冷却器は、空冷、液冷を問わずエンジンに必要なものだが、その油洩れは飛燕だけでなく日本の飛行機全般に共通した欠陥で、終戦までついに改善されなかった。

こんな状態では第一線進出などおぼつかなかったが、なにはともあれ戦力増強が急務とされていたソロモン、ニューギニア方面への出動が要請され、ついに多くの不安材料をかかえたままの戦隊出動となった。

六月十六日朝、四十五機の飛燕がいっせいにエンジンを始動したところは勇ましい限りであったが、果たしてこのうち何機が無事ラバウルに到着できるかという懸念が、パイロットや整備員たちの胸中を去らなかった。

第六十八戦隊の苦い先例があるのでトラック経由ラバウル行きは中止、かわりに小きざみな島伝いの迂回コースが設定された。元来、陸軍のパイロットは本能的に海上飛行をいやがる。直線に飛べば早い場合でも、陸地沿いのコースがあれば遠くてもそれをえらぶ。海上を飛ぶ時間をできるだけ少なくして、陸地上空を多く飛ぶようなコースが望ましいのである。

えらばれたコースは各務原、太刀洗、新田原、沖縄、台湾屏東、クラークフィールド、ダバオ、メナド、ソロン、バボ、ホーランディア、ウエワク経由で一日の航程七百五十キロ、総航程九千キロという大迂回コースとなった。

途中十二機の落後機があったが、六月二十九日から七月五日にかけて第十四飛行団長立山中佐以下三十三機がラバウル西飛行場に到着した。この移動に際しては途中の整備要員、一カ月の予定で現地の整備員教育を行なう川崎航空機の技術者たち、および修理部品を積んだ三菱MC20型（百式）輸送機が同行したことも異例のことだった。海軍もそうだったが、日本陸軍は輸送機をあまり重視せず、せいぜい中型旅客機や爆撃機の改造で間に合わせていたから、C46、C47、C54といった本格的な大型輸送機を大量に駆使したアメリカ軍との間には、補給の量、スピードの点で大きな開きがあった。飛行機そのものの整備に手間がかかる上に、補給が不足がちだから可動率には格段の差があり、これが彼我の戦力差をさらに大きなものにしたのである。

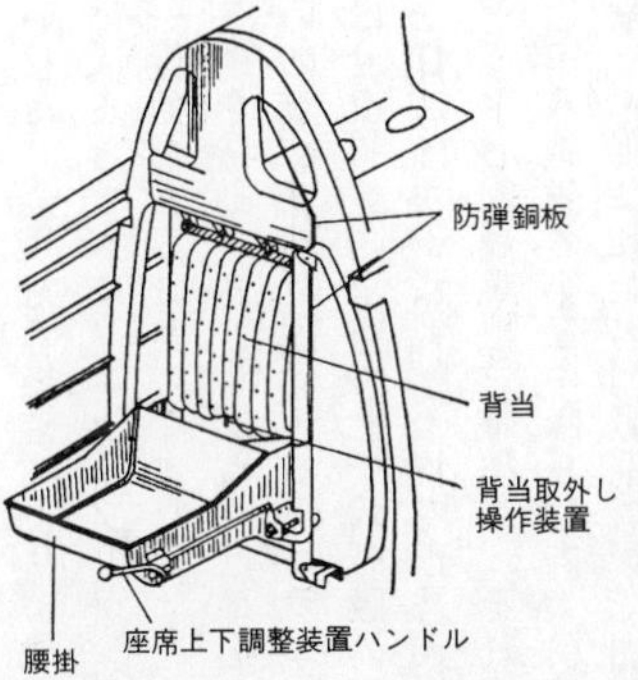

「飛燕」の操縦席、パイロットたちはこのせまい個室の中で、孤独や悪天候、故障などと闘いながら9000キロを飛んで戦場へおもむいた。

飛行団司令部および第七十八戦隊の到着

により第十二飛行団の指揮下にあった第六十八戦隊も復帰し、はじめて第十四飛行団が勢ぞろいした。全兵力の集結により、飛行団は新たに編成された第四航空軍第七飛行師団の指揮下に入るとともに、ニューブリテン島ラバウルからニューギニア東岸のウエワクに移動して統一行動をとることになった。

基地を移動するとしばらくは地形の確認や慣熟飛行などですぐ戦闘に出動するのはむずかしいのだが、飛行団は翌日からラエ、サラモアなどの制空に出動、進出四日目の七月十八日にはサラモアの上空で七十八戦隊の富島隆中尉がロッキードP38を撃墜、さらに一日おいて二十日には六十八戦隊の竹内正吾大尉のひきいる第二中隊五機がベナベナ攻撃でコンソリデーテッドB24爆撃機を撃墜し、それぞれ三式戦闘機飛燕による初撃墜を記録した。

六十八戦隊の第二中隊長竹内大尉は、転属前は有名な飛行第六十四戦隊、俗に「加藤隼戦闘隊」とよばれた名門戦闘機隊で加藤建夫戦隊長や安間克美中隊長らの指導を受けた生粋の戦闘機乗りで、すでにマレーやジャワ、スマトラなどの航空戦で撃墜を記録していた。

竹内大尉の身上は、加藤中佐ゆずりの旺盛《おうせい》な闘志と任務にたいする責任感だった。故障の多い飛燕に不安をもっていたパイロットたちは、ちょっとした異常にたいしても神経質になって引き返すことが多かったが、竹内大尉は絶対にそれをやらなかった。防弾装備の貧弱なわが重爆は敵戦闘機の攻撃にたいして弱かったが、彼は故障でつぎつぎに引き返す僚機をしりめに最後は、とうとうただ一機で爆撃隊を守りとおしたという。このとき彼の愛機もまた引き返す理由として充分な不調の徴候があったのだが、がんばりとおした。そうした気迫にこたえてか、決して万全とはいえない彼の乗機飛燕は、ついに故障で墜落あるいは不時着といった事態をひき起こさなかった。

戦隊の、というより飛行団全体の希望の星だった竹内大尉も三ヵ月後の十月二十一日のマーカス岬攻撃で被弾し、前進基地に不時着直前にエンジンが停止してジャングルに墜落、戦闘機乗りとしての避けられない運命に殉じた。弱冠二十五歳、それまでの撃墜数は五十機をこえていたといわれる。

南海の消耗戦

出撃がふえるにつれ、飛行機もパイロットも損失が多くなったが、内地からの補充も懸命につづけられた。パイロットたちは、例の島伝いの大迂回コースを通って飛行機とともに着任したが、飛行機そのものの補充はトラック島からの空輸によった。中川鎮之助大尉らベテランは、しばしばこの空輸をやったが、前線基地であるラバウルやウエワクにくらべるとトラックは天国のようなものだった。天国と地獄の間を往復しながらの戦闘には、若い中川も複雑な思いにかられることもあったが、士官学校のきびしい精神教育がすぐにそれを打ち消し、彼を勇敢な戦士へと駆り立てた。

「一機でも多くの飛行機を前線へ」のスローガンにこたえて内地の飛行機工場でもがんばっていた。資材の不足、熟練工の応召など悪条件の中で、川崎岐阜工場での飛燕生産は七月の五十三機につづいて八月六十機、九月七十機、十月八十七機、そして十一月にはついに年内に月産百機にもってゆく当初の目標を達成した。これは能率や採算といったことをほとんど無視した人海戦術と大量の資材ロスの結果生まれたものだが、すべてが高度に合理化され、望む資材や機械は何でも手に入る現代とはおよそかけ離れた時代であったことを思えば、やはり関係者たちの努力は高く評価されていいだろう。

消耗と補充のいたちごっこに悩まされながらも飛行団の出撃はつづいた。八月十五、十六の両日、飛行団は二十四、五十九両戦隊の隼戦闘機隊とともに、ラエ、サラモア方面の飛行場攻撃に出動、ちょうど敵機が離着陸しているところを攻撃してかなりの戦果をあげた。しかし、その夜、奇襲をうけた。明日はゆっくり休養整備ということでくつろいでいた虚をつかれて、敵の落下傘爆弾で大きな被害を出したのだ。燃え上がる多数の飛行機の炎が夜空を焦がし、負傷者のうめき声があたりにみちた。

この夜の空襲で六十八、七十八、十四、二十四の四個戦隊の飛行機がほとんど燃え、死傷者は六十名ちかくに達して、第七飛行師団の戦力は事実上潰滅した。師団にたいしては大本営から叱責の言葉が送られてきたが、これは作戦がどうのこうのというよりは、こちらの攻撃がせいぜい十数機の爆撃機しか出動させられないのにたいし、つねに百機前後で攻撃してくる敵軍との絶望的な物量の差によるもので、叱られたところでどうにもならなかった。

戦争は総力戦である。第一線に強い兵隊、飛行機を送らなければならないのは当然だが、徴兵で工場から優秀な熟練工を引き抜いてしまうと技術能力が低下し、そのうえ食糧も不足とあってはいい飛行機ができなくなる。

　飛燕にかぎらないが、日本の飛行機の共通した欠陥に配管《パイピング》からの油洩れがあった。アメリカやドイツなどでは、パイピングの接合端部を皿状に開くのにちゃんとした機械を使っていたが、わが国では熟練工の技倆だけにたよっていた。川崎にもそうした優秀なパイピング工

川崎岐阜工場内の「飛燕」の大量生産ライン。主翼組立(上)、胴体組立(中)、最終組立(下)等で形作られた。

が六人ほどいたが、召集されたそのうちの一人がラバウルの「暁《あかつき》」部隊にいた。

暁部隊というのは陸軍の船舶部隊で、主として大型舟艇（ダイハツとよばれていた）で前線にたいする弾薬、兵員、食糧などの輸送を行なっていた。油洩れに泣かされていた第六十八戦隊では、ここに川崎のパイピング工がいるのを知って、さっそく身柄をゆずり受けたという。日本に何人もいないような優秀な技術の持ち主が、なんの技術も必要としない荷かつぎをやり、一方ではその技術を必要とする工場や部隊が困っていたというのが混乱した戦争の現実だった。

八月十六日夜の大空襲で六十八戦隊の可動機は六機、七十八戦隊にいたってはほとんどゼロとなってしまい、事実上、飛行団としての作戦行動は不可能になった。そこでまず六十八戦隊が一部のパイロットを重爆でマニラに送って再建をはかることになり、戦隊長には荒蒔義次少佐とともに飛燕の育成にあたった航空審査部の木村清少佐が着任した。

木村少佐はなかなかの好男子で、しかも荒武者の多い戦闘機乗りにはめずらしい紳士でもあった。彼は川崎の設計者たちの言葉によく耳を傾け、土井や大和田たちも木村をよき友として遇した。戦地に出発する前、木村は各務原に立ち寄って設計室をたずねた。

「土井さん、こんど戦地に行くことになりました。いろいろお世話になりました」と、淡々として語る木村少佐の表情には何の気負いも見られなかったが、戦場での飛燕の評判をしきりに気にしていた。審査担当者として第一線に送り出した木村にすれば、川崎の設計者たち以上に飛燕の問題点について責任を感じていたのだ。青々とした坊主頭になった木村は設計室をまわって知った顔の一人一人にていねいにあいさつをかわし、さわやかな印象を残して戦地に向かった。

フィリピンのマニラに着いたとき、たまたま連絡のため審査部から飛んできた荒蒔少佐といっしょになった。木村は荒蒔より士官学校の一期後輩で、この二人の若い少佐はよく気が合った。戦闘の苛烈なニューギニアにおもむく木村とここで別れるにしのびず、飛行機受領にきていたほかの六十八戦隊員たちとともにウエワクまで行くことにした。戦闘機のこと、戦局の推移について、そしてどうなるかは分からないが自分

三式戦「飛燕」二型。エンジン不調の克服と速力向上を計ってハ140発動器に換装したが、100機足らずの生産に終わった。

たちの将来のことなど、話はつきなかった。

「荒蒔さん。もういいですよ。きりがないから帰って下さいよ」

翌朝、そういって笑う木村に、別れがたい思いを断ち切ってウエワクを発った荒蒔だったが、やはりこれが好漢木村との最後の別れとなった。

九月はじめ、木村新戦隊長の着任を待っていたかのように、米軍はホポイ上陸、マザブへの落下傘部隊降下、フィンシハーヘン上陸と活発な攻勢を開始した。六十八戦隊と入れかわりに、こんどは七十八戦隊が再編成のためマニラに後退することになったので、六十八戦隊への敵の圧力は倍加し、連日の出動による消耗で、せっかく回復した戦力も月末にはたちまち可動機は二機にまで落ちこんでしまった。

逆に敵のほうは落としても落としても一向にへるどころか、補給が消耗を上まわって兵力が増大する一方だった。マニラで戦力再建をおえた七十八戦隊も十月中旬にはウエワクにもどってきたが、こちらはたちまち使用機不足に陥った。そこで戦力回復のため後退する二十四、五十九戦隊の一式戦闘機隼を引きついで使うことになったが、これも十月末にはほとんど消耗してしまった。

六十八、七十八の両飛燕部隊は第七飛行師団、二十四、五十九の両隼部隊は第六飛行師団の所属で協同して戦う立場にあったが、なぜか師団長や司令部同士の仲が悪くてしっくりいかなかった。第六師団は山の中腹のりっぱな洋館に司令部をおき、第七師団は多くの物資を持っていた。ともに戦う仲だから、たがいに足りないものを融通《ゆうづう》し合えばいいものを、この両師団はことごとくいがみ合い、第六師団はりっぱな建物を共用しようとはせず、第七師団もまた豊富な物資を融通してやろうとはしなかった。映画や本などで見ると連合軍側でもそういうことがあったらしいが、敵の矢面《やおもて》に立って戦うパイロットたちこそいい迷惑だった。しかし、そうした司令部間の確執をよそに、たんたんとして自分のあたえられた任務を果たそうとした多くの指揮官たちがいた。

六十八戦隊長木村清少佐とともに着任した、新任の第十四飛行団長寺西多美弥中佐はノモンハン以来の戦闘機乗りで、飛行団長でありながらみずからもしばしば飛んでいた。

日本の飛行機に共通の欠点として機上無線電話の不調もその一つだったが、機種によって差があったようだ。六十八戦隊の小川大尉によると、となりの隼部隊の機上電話はよく聞こえたらしい。機体の整備も飛燕よりらくで可動率もよく、この点は劣性能ではあったが隼がうらやましかったという。どうせよく聞こえないならというので機上無線をおろしてしまったパイロットもいたが、寺西中佐は空中指揮の必要上から機上無線の整備には熱心だった。十月十一日、地上の交信をたしかめるため、寺西中佐は三機で上空に上がったが、敵戦闘機の奇襲を受けて戦死してしまった。

飛行団長を失った痛手は大きかったが、それにも増して補給の貧しさによる栄養失調やマラリア、下痢などで倒れるパイロットが続出して、まともに戦える状態ではなくなった。とくにふだんから優遇されてうまいものを食っていたパイロットたちは粗食にたいする抵抗力がなく、加えていつもより激しい戦闘を強いられていたから衰弱はいっそうひどかった。宿舎も湿気の多いジャングルの中に建てられたアンペラ小屋で、それも夜ごとの蚊と敵の空襲で熟睡できなかった。

これでは士気がおとろえるのもいたし方ない話で、各戦隊の休養を必要と考えた司令部は十月末から交替でパイロットだけをマニラに送って戦力回復をはかった。マニラ近郊クラークフィールド飛行場群には、内地から送られて来たばかりの新品の飛燕がズラリと並んでいた。これらの飛行機は各務原の陸軍航空輸送部のパイロットたちによって運ばれてきたもので、のちにはホーランディアまで輸送されるようになった。

工場で完成された飛行機はいったん各務原航空廠に納入され、ここで機銃の装備その他をやってから部隊に引き渡しとなる。戦地への輸送は六、七機の編隊を九七式重爆撃機が誘導し、現地に飛行機をおいたあとは重爆がパイロットたちを収容して帰るという手順だった。コースは例によって各務原―新田原―那覇―屏東―クラーク―セブ―ミンダナオ―ハルマヘラ―ホーランディアの島伝いで、およそ二時間を航程の最大限として小きざみに飛んだ。

十二月から一月といえば内地では厳冬だが、行く先は赤道にちかい酷暑の地だから飛行服も三組ぐらいを必要とし、冬から夏、そして夏から冬へのくり返しで、パイロットたちは体調をととのえるのに苦労した。輸送隊の指揮官として前後十数回の空の長距離フェリーをやった板生勉曹長（航空自衛隊中部地方人事援護室長）は、当時の模様をこう語っている。

『私たちは〝大東亜の雲助〟と自ら称していたが、なかには海を渡るのをこわがる雲助もいた。エンジン不調とか計器がおかしいといって尻ごみするので、それじゃ俺がテストしてやるから代わりに俺のに乗って行けといってやった。冷却器からの水洩れやオイル・クーラーからの油洩れ、それに油圧計の針のフレなどたいしたことはなくても心理的な動揺をひきおこした。とくに油圧計のフレは陸地ではたいして感じない程度でも、海上ではビクッとし、すぐ不時着や引き返すことが頭にチラつくようになりがちだった。はじめてのコースは何かと不案内だし、行く先の飛行場がどんな場所かもわからないから不安も大きい。海軍のパイロットと話したことがあるが、自分が一回飛んだところは、たとえそれが何も見えない海上であろうとも、コースから外れた場合は勘でわかるという。永年飛んでいると鳥の本能にちかいようなものが芽生えるのかもしれない。飛燕はずいぶん悪口を言われたが、私は途中故障でストップしたことは一度もなかった』

桁《けた》ちがいの敵の物量に前線の航空部隊が押しまくられていたとき、飛行機を生産する内地の工場も軍の厖大な生産力増強要求に苦しんでいた。

太平洋戦争開始前から各飛行機会社では軍の要求に応じて生産力拡充につとめてきたが、戦争開始とともにその要求はさらに急テンポで上昇した。川崎航空機もまた例外ではなく、開戦後まもない昭和十七年の四月には航空本部長の命令でそれまでの拡充計画をさらに拡大することになった。これに応じて川崎では十九年三月に月産八百二十五機（全機種合計）を達成することを目標に、明石工場の完成促進と月産四百六十五機を生産する新工場の建設を計画した。この新工場は将来、四発爆撃機を生産できるよう宮崎県都城に建設を予定した広大なものだった。

ところがこの拡充計画の立案がすまないうちに、七月になって、早くもキ45およびキ61の特別繰り上げ生産を命じられ、このため先にたてた計画を一年繰り上げなければならなかった。軍もまたかけ声だけでなく目標達成のために各種資材を増加配当したり、機械の入手斡旋に努力してくれたが、十七年度中の生産未達成分八百三十機、十九年夏の繰り上げ生産機数三千五百機を合わせると、十八年度の川崎一社の生産内示総機数はなんと六千七百六十機という厖大な量に達した。しかも昭和十八年一月には十九年度分の内示が加えられたから、十八年度以降の生産予定機数は九千二百四十三機におよんだ。

これを生産の主力であるキ61飛燕に限ってみると、十九年末に岐阜工場五百機、一宮工場百機、新設の都城工場五十機、合わせて六百五十機の月産目標となった。

これらの巨大な計画を実施するためには人員を二倍にふやし、三万七千坪、およそ十一万平方メートルの転用工場を必要としたが事態は絶望的で、これらの条件がかりにみたされたとしても、せいぜい月産量の増加は六十五機前後と見こまれた。

冷静な頭で考えれば、この時点においてすら工作機械や工員、精密測定員、資材、部品、熟練工など一切のものが不足し、あてにしていた南方の石油をはじめゴム、ボーキサイト、錫《すず》などの戦略物資も敵潜水艦による輸送路破壊でほとんど期待できないとあっては、不可能なことは自明の理であった。しかしこれをバカバカしいと笑うことはできない。勝つためには、不可能を可能にする不合理を要求されるのが戦争なのである。

アメリカは一九四三年度（昭和十八年）中に六万機の目標にたいして四万五千機の飛行機

を生産し、一九四四年度末までに実に十二万五千機の生産計画を発表していた。これにたいしてわが国も年産三、四万機を目標としたが、豊富な資源を自国内にもつアメリカと、そのほとんどを外地からの輸送に頼らなければならないわが国とでは比較にならなかった。しかもアメリカは、すぐにも飛行機生産に転用できる自動車産業をはじめとする機械工場群が多く存在していたのにたいして、わが国では転用の主力がおよそ飛行機や機械工業と縁どおい紡績工場などというハンディもあった。

それにもかかわらず、人員増強計画も昭和十八年十月の川崎全工員数三万二千名、十九年三月六万名、二十年三月九万五千名と、これまた考えられないような数字があげられていた。すでに数百万の元気な若者たちが戦場に出て行き、かわりに工場で働くのは素人の、それも高年齢者や病弱者および女性がほとんど大部分を占める状況だったが、なんとかして不可能に挑戦しようとする当事者たちの努力が、十八年十二月の飛燕月産二百機の数字を達成させたのである。

恐るべきマウザー砲

試作のうちに量産に入り、充分な実用審査期間もなしに戦場に投入された飛燕だっただけに、現地でもいろいろな対策が実施された。その一つに、エンジンの防塵《ぼうじん》対策があった。強烈な太陽でかわき切った南方の飛行場の砂塵は、精密な機械であるエンジンにとって大敵だった。このため空気の吸入口に防塵フィルターを取りつけることになり、いろいろな材料でやってみたが、うまくいかない。防塵効果のあるものは吸入抵抗が大きすぎて、かえってエンジンの性能低下となるし、抵抗の少ないものは防塵効果が低いという二律背反の堂々めぐりがつづいた。

そんなときだれかが、「糸瓜《へちま》を使ったらどうだろう」と言い出した。この際いちおうテストしてみようということになり、糸瓜を薄くのしたものを使ってみた。ところがこれが意外に好結果で、目がこまかいのに吸入抵抗が少ないことがわかった。天の助けとばかりさっそく糸瓜の調達が開始されたが、本来ならば美女の肌にふさわしい糸瓜も、国家非常の際とあって戦闘機のエンジンを守る部品となったわけである。

「飛燕」の尾輪も問題の一つだった。主車輪とちがって直径の小さい尾輪は、接地すると回転がものすごくはやい。このため車輪のゴムがリムから浮いてしまい、はずれるという故障がおこった。現地ではどうにもならないので、応急策として尾輪を橇《そり》にかえ、引込式をやめて固定して急場をしのぐことになった。車輪ゴムの材質の悪いせいもあったが、一式戦闘機隼などにくらべて着陸速度が四十パーセントも速かったのが主な原因だった。Ｍｅ109の写真を見ると、飛燕より大きな尾輪をつけていることがわかる。

実戦では飛燕の火力の強化も切実な問題だった。初期のキ61一型は胴体に十二・七ミリ二門、主翼内に七・七ミリ二梃だった。これでは射程と初速にまさる十二・七ミリ機関砲を四門から六門装備した対戦相手のカーチスＰ40やロッキードＰ38に火力が劣る。しかも頼みの十二・七ミリも故障が多かった。

十二月はじめのある夕方、ウエワク基地に聞きなれた爆音をとどろかせて真新しい飛燕が十機、九七式重爆三機とともに飛来し、基地に歓声があがった。しかもこの飛燕の主翼からは、黒々とした長い銃身が突き出していた。なつかしい内地のかおりを嗅ごうと機体にむらがった整備員たちは、一様におどろきの声をあげた。

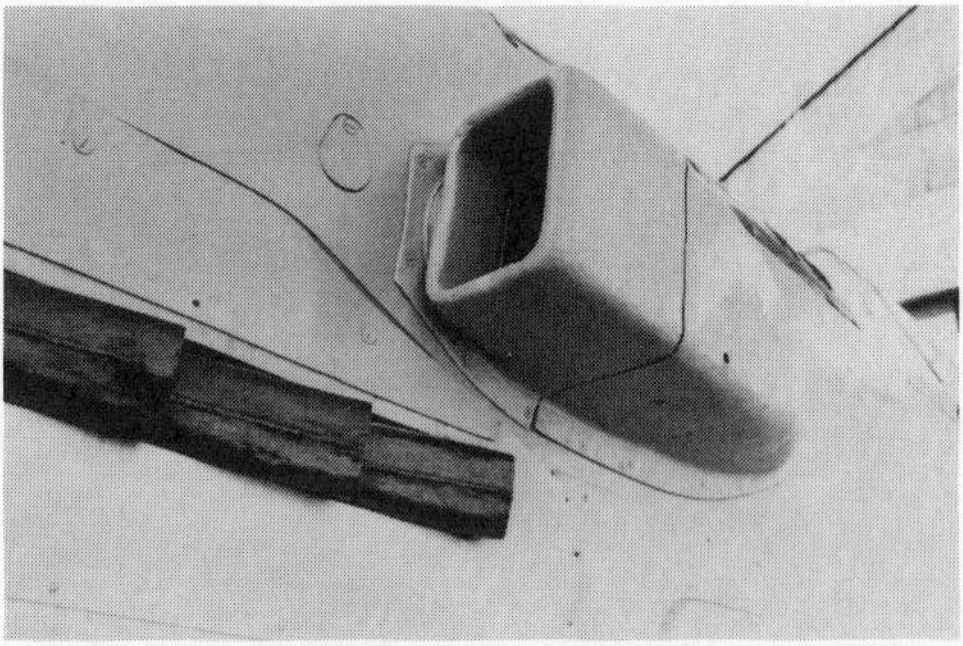

機首左側部の過給器空気取入孔。高空でのエンジン出力の低下を防ぐための装備で、エンジンの後方に設けられていた。

「オッ、ずいぶんながい銃身だなあ」

「十二・七ミリか、それとも二十ミリかな？」

「まさか――うわさは聞いているが、まだ二十ミリ装備機がくるはずはないよ」

だが、これはまさしく二十ミリ機関砲であった。しかも、国産の「ホ五」ではなく、ドイツ製のマウザー（モーゼル）砲で、かねてからその威力は話題になっていたものである。

正式にはマウザーMG151とよばれるこの二十ミリ機関砲は、航空本部の駒村調査団がドイツに行ったときに購入を決めてきたもので、機関砲八百門、弾薬四十万発とともにドイツ潜水艦によってはこばれ、インド洋上で日本潜水艦が受け取って持ち帰ったという、いわくつきの貴重なものだった。いっしょに飛んできた九七式重爆は、現地で改造する数十機分のマウザー砲とその弾薬および改造を指導する川崎航空機工務部の鍵本技師と数名の工員たちを運んできたのだった。

その夜、木村戦隊長からパイロット全員と整備班の機付長以上に集合がかかった。

マウザー砲装備機は第六十八戦隊五機、七十八戦隊四機、それに飛行団一機の配分となったが、基地はマウザー砲の話題で持ちきりだった。それほど現地では火力の増強を渇望していたのだ。定刻の午後八時、戦隊長木村少佐の訓辞につづいて川崎の鍵本技師がマウザー砲の説明をはじめた。

「……というわけで、工場では、すでに九月からマウザー砲装備機体の生産がはじまっており、本日到着したのは最初の分であります。この砲が従来の国産機関砲とちがう点は、すべてが電気操作であり、弾丸の装填も発射もスイッチ一つで簡単にやれることです。かりに二重装填の故障がおきた場合でも、操縦席前方の計器板にある小さなボタンを押せばすぐなおります」

パイロットたちの間から、ため息がもれた。日本製の機関砲は油圧操作だったが、弾丸の装填の具合が悪く、敵を追いつめていざ一撃というときに故障で弾丸がでないという、くやしい思いをパイロットは何度も味わっていた。しかもマウザー砲は長い銃身から察せられるように弾丸の初速も速く、弾道の直進性がいいので命中率が高いというのだから鬼に金棒だった。

日本の戦闘機設計の草分けである中島飛行機の小山悌技師長によれば、「戦闘機は機銃を運ぶ道具であり、さらに言うならば弾丸を撃つための道具に過ぎない」という。とすれば優秀なマウザー二十ミリ機関砲の装備によって、はじめて飛燕は強力な戦闘機に生まれかわったといえよう。

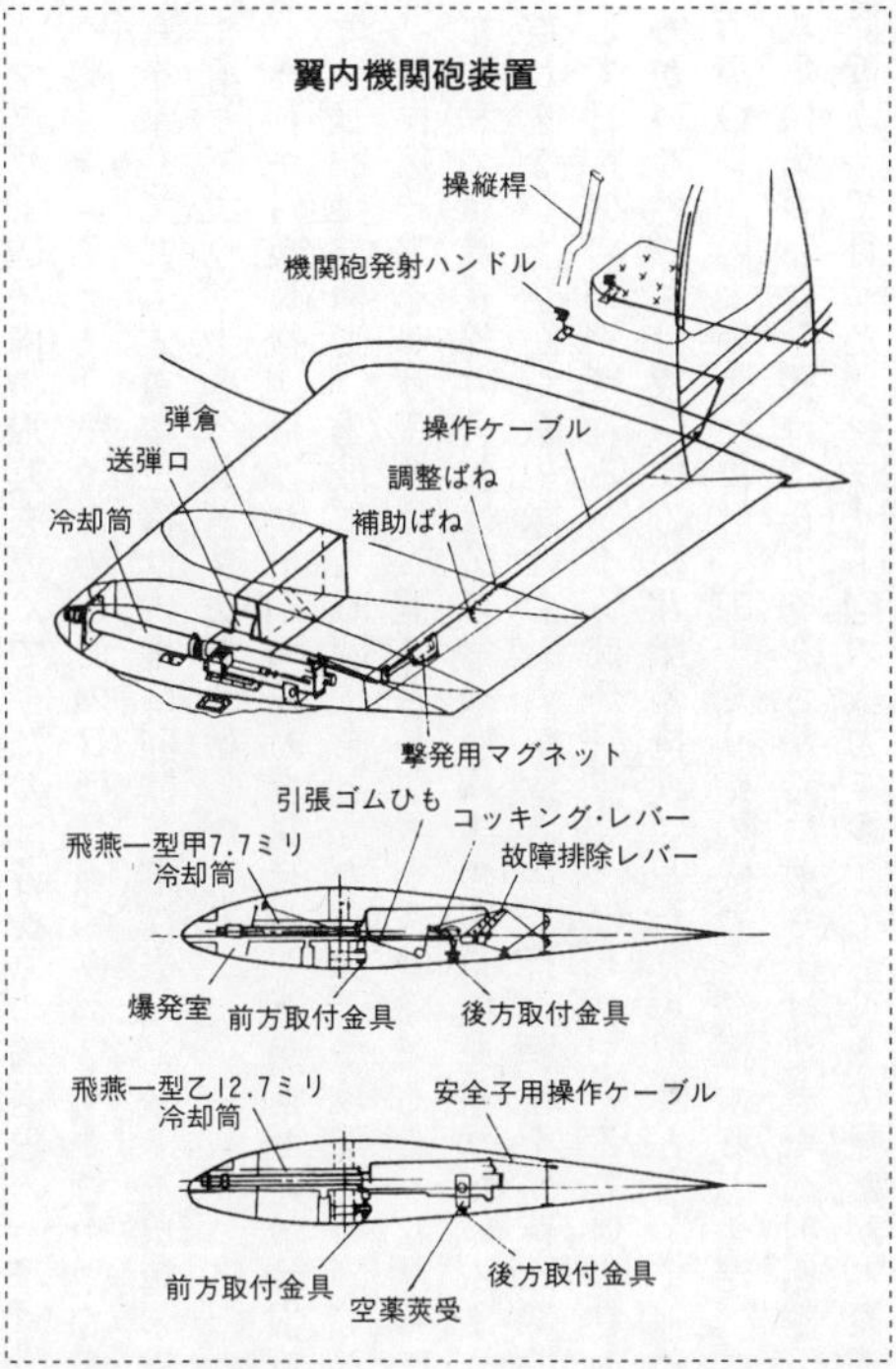

　飛行場にはすでに試射用の飛燕五機が用意され、夜の海に銃口を向けてならべられていた。木村戦隊長から順に操縦席にすわり試射をはじめたが、ボタンを押すとジーというモーターのなめらかな回転音とカチカチという弾薬装塡の音が聞こえて、力強い発射音とともに曳光弾の赤い線が夜空に伸びて行った。

マウザー砲装備の飛燕を運んできたのは各務原の輸送隊のパイロットたちで、これまでせいぜいマニラどまりだったのがこの日はじめてウエワクまでやってきたのだった。翌朝、彼らを乗せて九七式重爆三機は内地に向けて飛び去り、残った川崎の鍵本技師たちが整備員を指導してマウザー砲の装着作業を開始した。

それから数日後、マウザー砲の威力を見せるときがきた。敵は恨みかさなるノースアメリカンB25爆撃機で、勇敢にも戦闘機をともなわないで攻撃にやってきた。

『敵に第一撃をかけるのは幸運にもわが六十八戦隊である。私たちは分隊ごとに一機を狙った。私の編隊長松井曹長は敵の最後尾編隊の四番機を狙っているようだ。だが飛燕戦闘機が群れをなし上空から敵編隊におおいかぶさって行く勇壮な光景は、最近とくに映画やTVなどで日本機の撃墜されるシーンばかり見せつけられている若い人びとには想像もつかないにちがいない。私は攻撃する松井機の掩護《えんご》にまわり単縦陣となって追随した。上空に敵影なく万事OK、いよいよマウザー二十ミリ砲の威力を発揮するときだ。このときやっと私たちの攻撃に気づいた敵機は、後上砲をさかんに射ち上げてきた。射距離五百。私はずっと松井機に近よって行った。マウザー砲の威力を少しでも近くで見たかったからだ。なおも敵機との距離がつまり、ついに松井機の主翼から赤い火が吹き出した。発射である。胴体の十二・七ミリは撃っていない。真っ赤な太い棒を投げたように二十ミリ弾がB25の左内翼に吸いこまれたと見る間に、その左翼が上方にへし折れ、B25はクルリと一回転して海上にサッと水しぶきを上げた。ほんの一瞬の出来事だった。あまりのことに、私は発砲するのも忘れて呆然

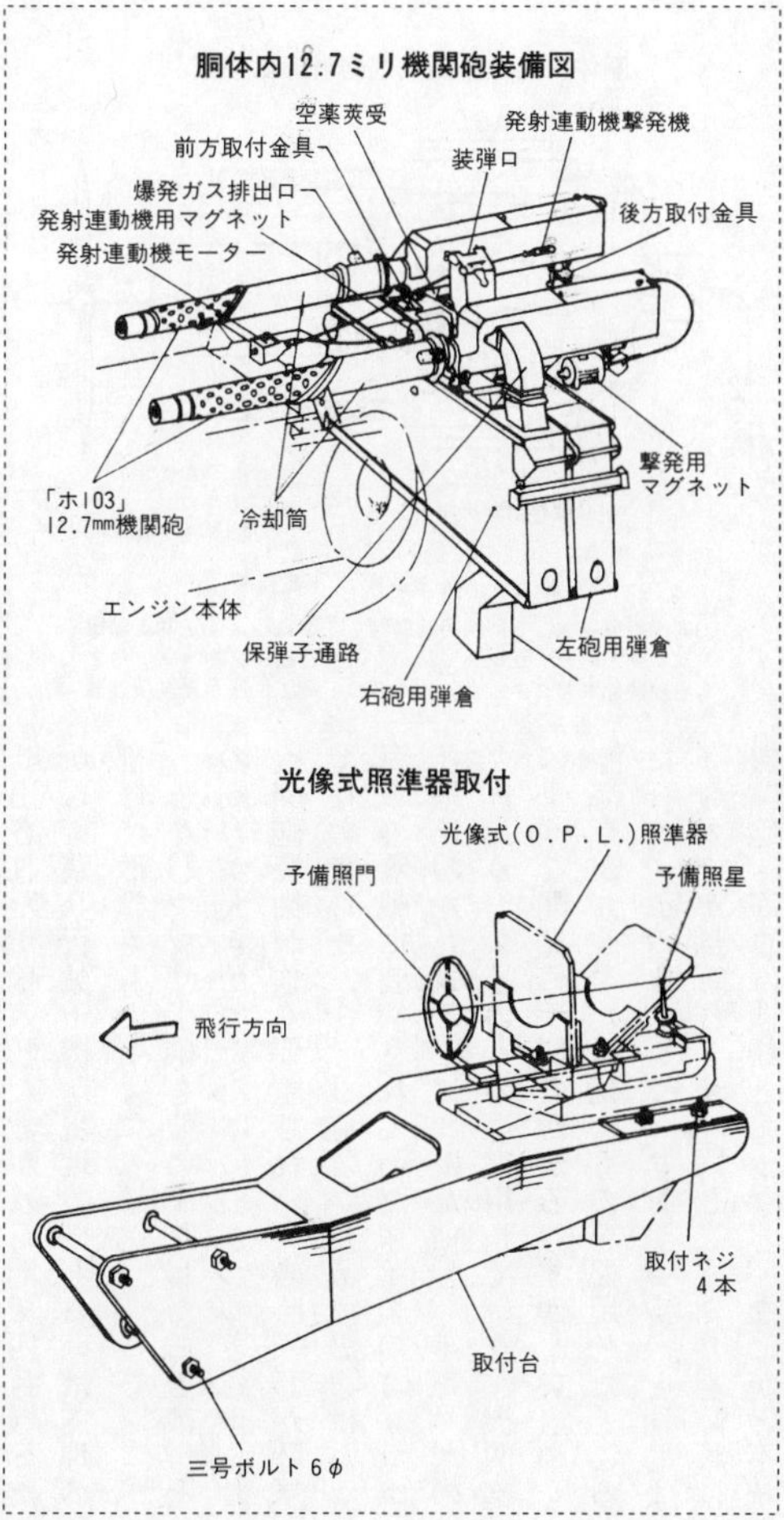

とこの光景に見とれていた』（小山進「飛燕空戦録」より、航空ファン第六巻第二号所載）

ドイツ製の精巧なマウザー砲装備の飛燕はキ61マ式と呼ばれ、昭和十八年九月から十二・七ミリ四門装備の一型乙と並行して生産され、翌十九年三月までに二百三十五機が戦場に送

胴体内20ミリ機関砲発射連動機構

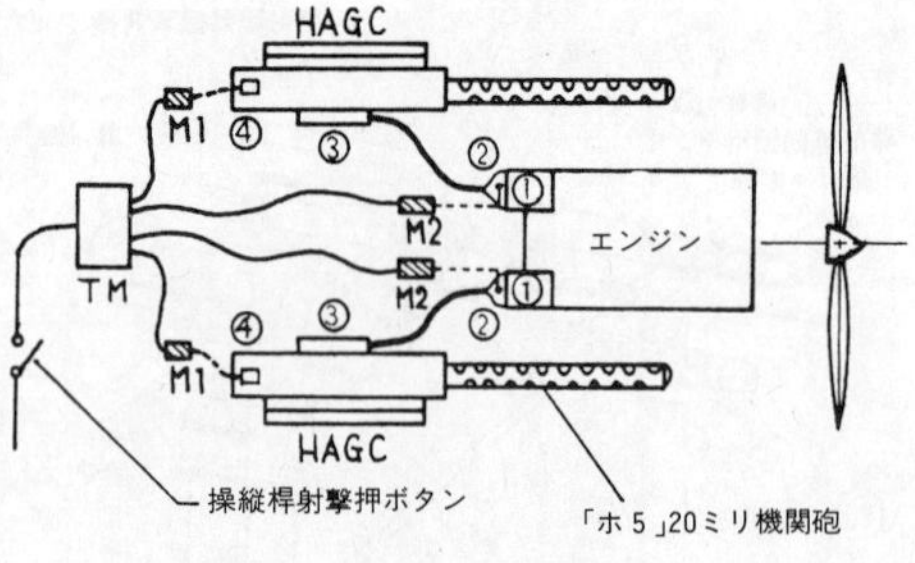

—連動管　…ボーデン索　～電線
①同調用原動機　②同調用起動器　③撃鉄器　④送釣走動機
ＴＭ：タイマー・リレー　ＭＩ：送釣起動マグネット　Ｍ２：原動機起動マグネット　ＨＡＧＣ：電気油圧自動装填装置

り出された。輸入した数が八百門で四百機分だから、残り百数十機が現地で、あるいは内地の部隊で改造されたことになる。

しかしマウザー砲を使い果たしたあとは、その威力が大きかっただけに引きつづき二十ミリ機関砲装備が強く要望された。当時、わが陸軍で使っていた二十ミリ砲は「ホ五」とよばれ、海軍の零戦に装備されていたスイスのエリコン社系統の九九式二十ミリにたいし、イギリスのヴィッカース社のものを採用していた。機関砲のような開発に手間のかかるむずかしいものを陸海軍がちがった系統のものを採用したところに、ダイムラーベンツ・エンジン導入と同じようなムダが見られるが、同じ二十ミリを陸軍は機関砲、海軍は機銃とよぶなど、なにかと不統一が目立つ。

陸軍で機関砲とよんでいたのは炸薬を仕込んだ弾丸を使用するもので、十二・七ミリ以上がそれに相当し、無炸薬弾を使う小口径銃（七・七ミリ）を機関銃とよび、呼称を区別していた。なお陸軍特別幹部候補生一期の宇田川健二郎（北海道苫小牧市）は、陸軍の機関砲について、みずからの体験をつぎのように述べている。

『戦時中、私が太刀洗飛行学校から戦隊見習いとして愛知県小牧の飛行第五十五戦隊に行ったとき、講習を受けた「ホ五」（二十ミリ）、「ホ一〇三」（十二・七ミリ）はいずれもアメリカのコルト社製のもので、寸法、重量、発射速度（「ホ五」がやや遅かった）以外は、外形、内部機構などはまったく同じだった。事実、「ホ五」は「ホ一〇三」を引き伸ばして拡大したものだと聞かされたので、陸軍の「ホ五」二十ミリ機関砲がイギリスのヴィッカース社のものを採用というのは誤りで、コルト社製とするのが正しいと思う』

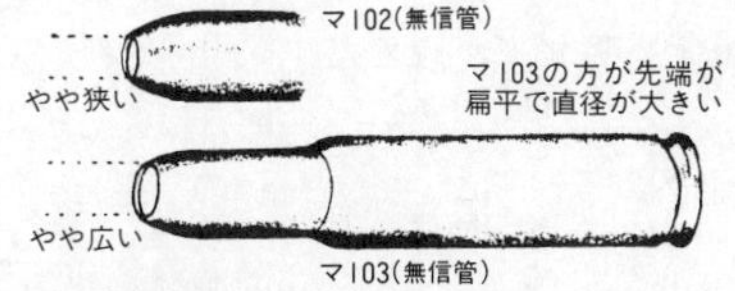

機関砲用弾丸
マ102（炸裂弾）**とマ103**（焼夷弾）
（スケッチは元飛行第55戦隊、宇田川健二郎氏）

なお、航空機用機関砲に使われる炸裂弾は「マ弾」とよばれ、炸裂弾の「マ一〇二」（無信管）と焼夷弾の「マ一〇三」（無信管）があり、弾丸の配列は部隊によって異なるが、飛行第五十五戦隊ではつぎの配列を採用していた。

一、曳光徹甲弾
二、マ一〇二
三、マ一〇二
四、マ一〇三
五、マ一〇二（以下この配列をくり返す）

さて、この十二・七ミリから二十ミリへの機関砲のつみかえだが、それには機体の大改修をともなうし、重量もふえて性能低下が当然予想されたので大和田技師は不賛成だった。そこへ突然、参謀総長杉山元帥の工場来訪があった。用件はほかでもない、飛燕への二十ミリ砲取りつけの要請であった。参謀総長のじきじきの頼みとあっては大和田もしたがわざるを得ず、土井試作部長のなだめもあって、ついに二十ミリ砲装備の設計作業をはじめることになった。

しかし、主翼に取りつけることは構造的にむずかしいと思われたので、胴体の十二・七ミリのかわりに取りつけることにした。機関砲を胴体内に取りつけることは、砲および弾道が機体の軸と一致することになるから、命中率の点で翼内砲にくらべてはるかに有利であることは明らかだ。問題は、果たして二十ミリ機関砲が胴体内にうまく収まるかということと、プロペラ圏内から発射するための同調装置が二十ミリについてはまだ完成されていないことだった。

これまで、命中率や弾道調整などの点でやや難がありながらも二十ミリが主翼内に装備されていたのには、大きな理由があった。それはプロペラと同調装置が、十二・七ミリ砲でやっと安定するようになったばかりで、二十ミリ砲を装備した場合のプロペラ貫通の暴発事故の発生についてはだれも対処する自信がなかったのだ。

同調装置が狂った場合、十二・七ミリ弾なら一部破損でかろうじて不時着できたが、二十ミリ弾ではプロペラが吹っ飛んでしまい、たちまち墜落という運命は避けられないことだった。このため海軍は、ついに最後まで二十ミリ砲の胴体内装備をやらなかった。

この難題解決を土井部長から命じられたのは、試作部兵装担当の二宮香次郎技師だった。実に奇妙な話ではあるが、ドイツから輸入されたMe109では胴体内に装備されたマウザー二十ミリ機関砲を、エンジンの駆動を利用して同調させることをやっていたのに、軍はエンジンと砲との同調装置の開発に血まなこになっていた民間会社の技師たちに利用させようとしなかったことだ。武装担当者の二宮技師ですら二度ほどかい間見たに過ぎなかったが、さすがに彼は同調装置の制御が回転磁石型の時限装置によっているのを見逃さなかった。

二宮はそれまでの十二・七ミリ砲による研究の成果の上に改良を加え、約半年間の空中実験をかさねた末にプロペラを破損させない二十ミリの同調装備の開発に成功した。しかもこの装置は、低下する一方だったわが国の工業技術水準にもマッチし、安価で量産しやすいという特色をもっていた。

飛行機といえば、とかく機体の優劣ばかりが問題とされがちだが、こうしたかくれた面の努力も大いにたたえられるべきだろう。

第五章　銃後の戦い

舞いこんだ大臣表彰状

「土井君、陸軍省から呼び出しがあったから東京に行ってきてくれ」

社長室に呼ばれた土井は、鐃谷正輔社長からそういわれて当惑した。

「ハイ、まいりますが、どういう用件でしょうか？」

「まあ、行けばわかるよ」

鐃谷社長は笑いながら、それ以上は答えてくれなかった。この社長は剛愎でよく切れる人だった。かつてダイムラーベンツ社とのエンジン・ライセンス交渉がはかばかしくなかったとき、みずから乗りこんで行ってまとめたこともある。そんな社長にこれ以上聞いてもムダだと思った土井は、けげんな思いにかられながらも引き下がった。これまでの東京からの呼び出しといえば、航空本部技術部か審査部であり、陸軍省とはどうも解せなかった。よほど何か重大なことでもあるんだろうと思いながら、その晩の夜行列車に乗った土井は、いつものことながらすぐ寝てしまった。

キ61一型の改良につぐ改良、二型の完成促進、四発重爆キ91、双発戦闘機キ96およびキ102、それにキ88単発戦闘機およびタンデム双発戦闘機キ64などの設計や試作機のフォローなど、いくつもの作業を同時進行させせなければならない多忙の疲れが、寝ぐるしいはずの夜汽車をいっときの安息の場所にかえてくれた。

ガランとした師走の朝の東京駅前広場には、背中に罐《かま》を背おったすすけた色のタクシーが頼りなげに走っていた。ガソリンの統制で自動車の燃料は、すべて木炭か薪に限られていたのだ。増産増産で活気のある工場にいるときは気づかない街のわびしさを感じながら、土井は陸軍省に急いだ。

市ヶ谷台の陸軍省についた土井は、モーニング姿の三菱の稲生発動機工場長を見ておどろいた。

「稲生さん、モーニングとはまた何ですか？」

「おや、土井君。君は知らないのか？　今日は、われわれの大臣表彰式があるんだよ」

しまった、と土井は思った。何も知らなかった彼は平服のままだったのだ。

「社長もひとがわるい」と恨んでみても後の祭り、それにしても表彰とは意外であった。聞けば三菱のエンジンと川崎のキ61設計にたいする表彰で、取締役である稲生光吉工場長は三菱の代表、そして土井は川崎代表ということになっていたのだ。

表彰式は午後から行なわれた。陸軍大臣兼任の東條英機首相や富永恭次陸軍次官の顔が見え、この表彰式はかなり重要なものであることを土井は感じた。襟の高い新しい軍服に、よく磨かれた長靴の東條首相が、ラジオ放送などで聞きなれた、調子のたかい声で表彰状を読み上げた。はじめに三菱、つぎが川崎の順序だった。

高等学校時代から尺八をやって耳のこえていた土井は、首相はなかなかいい声をしていると思った。〝カミソリ東條〟とよばれ、部隊でも工場でも首相の視察といえばピリピリするほどの首相だったが、その声には意外にあたたかさが感じられた。

土井は首相から賞状と技術有功章をもらった。それは土井と協力者の大和田信技師にたいするもので賞状にはこう書かれてあった。

右ハ水冷式発動機一基ヲ装備セル金属製低翼単葉単座戦闘機ニシテ　速度ト格闘性能トヲ綜合セル戦闘性能ニ於テ世界ノ水準ヲ凌駕《りょうが》シ以テ国軍航空威力ノ発揮ニ貢献セル処顕著《けんちょ》ナリ
仍《よっ》テ茲ニ陸軍技術有功章状並ニ徽章《きしょう》ヲ授与ス
昭和十八年十二月二十一日　陸軍大臣　東條英機

表彰式のあと首相主催の夕食会があり、土井はただ一人平服のまま列席した。

表彰には賞状と軍人の勲章に相当する陸軍技術有功章、徽章のほか、副賞として一万五千円があたえられた。当時、機関砲が一万円、エンジンが八万円、機体が八万円、そしてかなり高給取りでも月給百数十円の時代だったから、これはたいへんな額である。帰社すると土井は、さっそく鑄谷社長に報告かたがた、この金をさし出した。

「社長、賞状と徽章はありがたく大和田と二人でいただきますが、この栄与はみんなの努力で得られたものですから、金はもらうわけにはいきません」

「何を言っているんだ、土井君。これは君たちが貰ったんだから好きなようにしたらいい」

社長はまったく受けつけてくれないので、大和田と金の処分について相談したが、妙案はない。二人で山分けする気など毛頭ないし、さすがの土井もこれには弱り果てた。こうして土井には多忙な設計や試作の作業のほかに、大金の処分方法を考えるというやっかいな仕事が加わった。うまいアイディアが考えつかないまま、土井は一万五千円を入れた鞄を持って通勤していたが、二ヵ月後にようやく鞄を軽くすることができた。

岐阜工場には課長が六十五人、それに土井の輩下で直接キ61にたずさわった試作、技術部関係の係長が三十五人いたが、これらの全員に百円の国債を一枚ずつくばり、残りの五千円で試作工場全員に一杯おごることにしたのだ。当時の五千円の威力は大きい。国鉄岐阜駅近くの料理屋を三晩つづけて借り切り、百五十人ずつが連夜の宴をはるという豪勢さだった。これで土井もサッパリした気分になれた。

杉山参謀総長の要請による二十ミリ砲装備の改修は、連続徹夜にもひとしい強行作業によって進められていた。岐阜工場におけるキ61一型の生産は十二月、ついに月産二百機に達したが、さしせまった前線の要望をみたすには武装の強化が急務だったのだ。攻撃力を強化するほか、航続距離をのばすための燃料タンクの増設、そのタンクの防弾、座席背後の防弾鋼板の取りつけ、さらに左右主翼下面に二百五十キロ爆弾を懸吊《けんちょう》できるようにするなど、いわゆる戦訓による改修要請が目白おしだった。

このころ、日本では知られていなかったが、国外では急速な新兵器出現のきざしが見られた。すなわち、アメリカでは電波による飛行機の地上誘導装置、ドイツではメッサーシュミットMe163ロケット戦闘機、のちに世界のロケット開発の原型となったレーダー操縦無人誘導弾V2号などが完成、ソ連では三十七ミリ砲装備のミグ・ジェット戦闘機の開発がはじまっていた。

しかし、わが日本ではそれどころではなく、とくに川崎の設計室ではニューギニア前線からの要請にこたえる、キ61の改良設計と性能向上型である二型の完成が急務だった。キ61一型の改修機、すなわち「一型改」は年明けの昭和十九年一月に完成した。設計陣の努力によって機体重量は十パーセントちかい約二百五十キロの増加となったが、最大速度は約十キロ減の五百八十キロを得ることができた。

この最大速度は試作機で得られたもので、当時のすべての日本機がそうであったように量産機ではさらに低下したが、その後一年間にわたり一千三百五十四機が生産され、飛燕のもっとも代表的な型となった。

いささか奇妙に聞こえるかもしれないが、キ61一型の性能向上型である二型の開発は、一型改に先立って昭和十八年はじめにすでにスタートしていた。ハ40の性能向上型であるハ140エンジンを装備した二型の設計は順調に進み、八月に試作一号機を進空させてから十九年はじめまでに八機を完成したが新型エンジンのハ140の不調と主翼面積を十パーセントふやしたことがわざわいして予期した性能が出せず、開発は中止されてエンジン試験機にふりかえられた。

二型の失敗の経験から、速度向上には、元の機体を使ったほうがいいという結論に達し、生産中の一型改を利用してあらためてハ140を装備することになった。同時に作りやすさや整備のしやすさをさらに向上させるため、機体の細部にわたって設計変更を加えることも決まった。

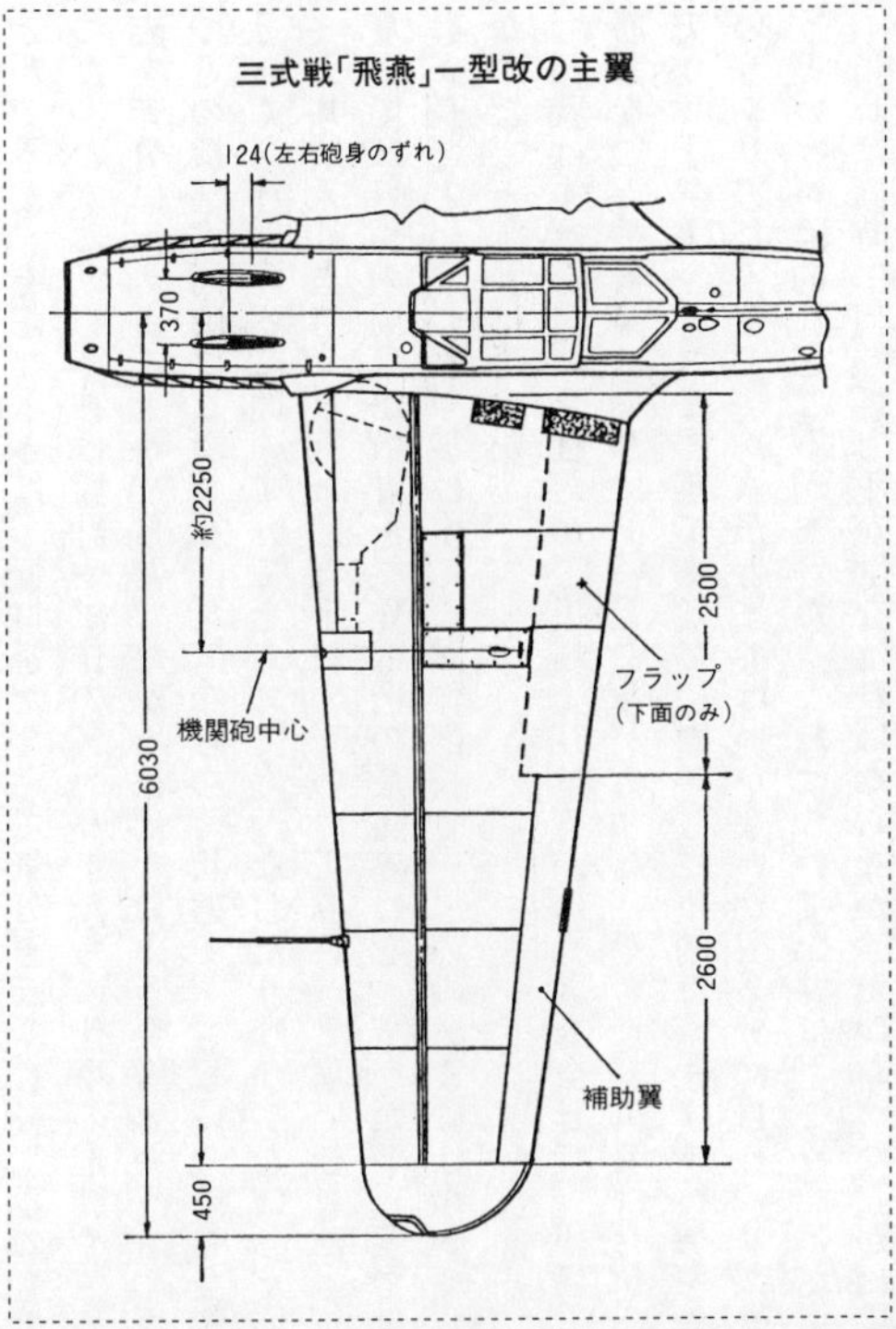

土井は十分でも十五分でも、わずかの暇をみては相かわらず設計室をまわって歩いた。一人一人の机に行って図面をのぞきこみ話していると、朝、奥さんと喧嘩してきたな、ということまで察するこ

とができた。そんなときは、軽口をたたいて気分をほぐしてやるのも土井の大切な仕事の一つだった。こうして彼は設計や試作のメンバーたちの仕事の進捗や気心をつかみ、自分の意志を充分に伝えることができた。だから彼は、およそ会議というものをやらなかった。いくつもの機種を同時にこなさなければならない状態で、もしいちいち会議を開いていたら、おそらく会社にいる時間のすべてをあてても、なおたりなかったにちがいない。

土井は入社当時、日給一円五十銭の、いってみれば日雇い社員だった。それが十七年たった今ではいつの間にか設計・試作部門の最古参になっていた。三菱では同窓の堀越がまだ設計課長だというのに、彼はすでに試作部長で、思いのままに仕事がやれた。川崎に入ってよかった、と土井は思った。

三菱はすばらしい会社だが、川崎よりはるかに大きな会社で、組織も整っており、あまり勝手なことや冒険はやりにくいところがあった。その点、川崎はちがう。三菱の作業の進め方がオーソドックスで堅実であるのにたいし、川崎は、まず飛行機を作って飛ばしてみるというやり方だった。一か八かとまではいかないが、多分に自社のリスクでものを作ってしまうという冒険的なところがあった。これについて土井は、こう語っている。

『当時は同時に何機種も手がけなければならなかったから、たしかに大変だったが、設計者としては恵まれていた時代といえよう。量をこなしただけでなく、さしせまった戦争の要求があったから真剣さもひとしおで、若い人たちの技術の進歩がじつにはやく、数年もすればひとかどの設計主務者として一つの機種をまかせられるようになった。それにひきかえ、今

キ61Ⅰ型とⅡ型の比較(太線内が変わった部分)

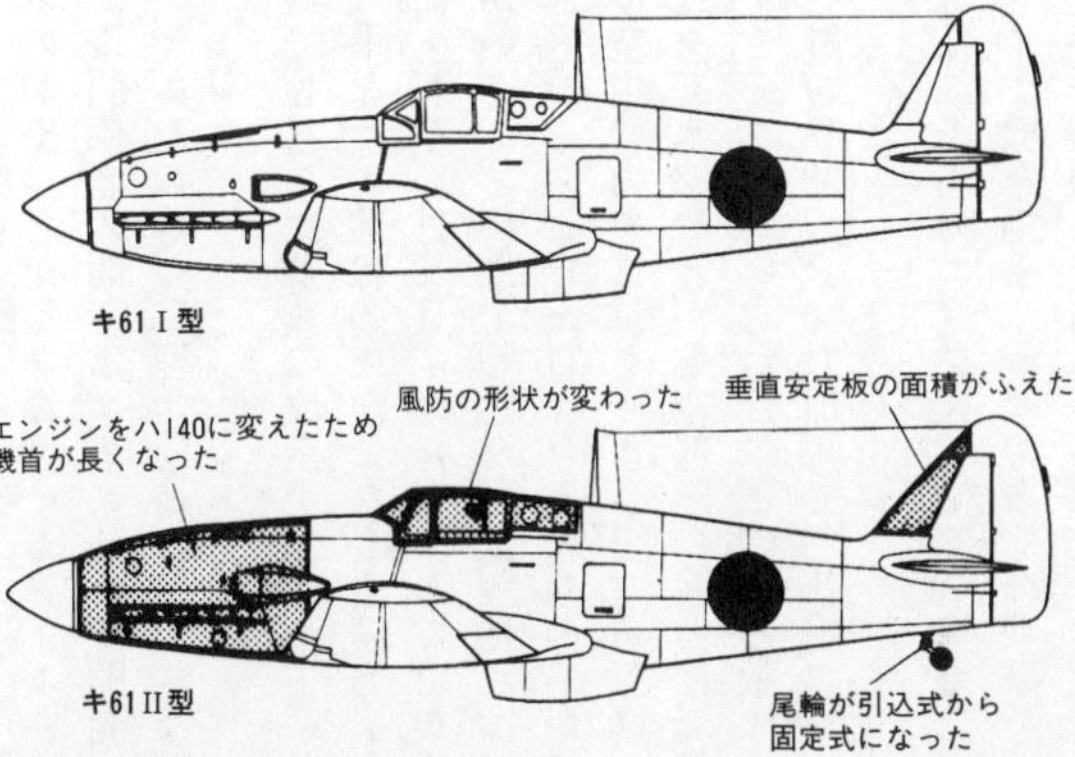

の飛行機設計者たちが新機種を手がけられるのは五年か十年に一度あるかないかで、これではいくら年をとってもある機種をまとめることはムリだ』

この意味で、戦時中の川崎設計室の作業のスピードは、すさまじいものであった。不調のハ140にたいしては、つぎつぎに対策が講じられ、一方では小口技師らによって速度向上のための努力がねばり強くつづけられた。排気ガスのエネルギーを利用するため排気管の出口の形状が改善され、プロペラ効率をたかめるためにプロペラの直径は三・一メートルと大きくなった。

エンジンの強化にともなって機首が二十センチのび、垂直安定板も面積を増し、風防の形状もかわるなど、かなり外観もちがった二型改の第一号機が二型第九号機として完成したのは十九年四月で、ハ140エンジンが好調なときは六千メートルの高度で六百十キロ、八千メートルでも五百九十一キロの最大速度を出した。高空性能もすぐれ、当時の日本の戦闘機では、飛んでいるのがやっとだった高度一万メートルで、編隊飛行が可能という判定を受けた。当時、すでに軍関係者の間では、アメリカで開発中の超重爆撃機ボーイングB29の情報が入っていたので、あたらしい二型の前途には大きな期待がかけられた。

内地でしきりに飛燕の改良が急がれていたころ、マウザー砲の威力で一時的に燃え上がったニューギニア前線の火がまたもや消え去ろうとしていた。

昭和十九年一月二日、連合軍はあらたな攻勢を開始し、ニューギニア北東岸の要衝マダンにちかいグンビ岬に上陸した。上陸地点は、わが陸軍航空部隊が展開しているウエワク、ブーツ地区からおよそ三百キロあまりのちかさであり、ここを足場にして一挙にわが航空基地および空中勢力を壊滅させようとする意図があきらかだった。

これを迎え撃つわが航空部隊の兵力は、第四航空軍の戦闘機五個戦隊全部を合わせても六十機そこそこの劣勢だった。このころ敵はつねに二百機、三百機の大群をそろえ、飛行機もおなじみのP38、P40に加えて、新手のリパブリックP47サンダーボルト戦闘機が出現していた。

P47は二千馬力エンジン装備の全備重量六トンにおよぶヘビー級戦闘機で、ヨーロッパ戦線でドイツ機を相手に戦って多くの戦果をあげたが、ヨーロッパ戦線に余力ができたところから太平洋戦線に姿をあらわしたものだ。最大速度六百四十キロ、十二・七ミリ機銃八梃の強力な武装は、疲れ切ったわが戦闘機隊にとっておそるべき強敵となった。

劣勢のわが戦闘機隊の指揮官は第六十八戦隊の戦隊長木村清少佐だったが、マラリアや下痢などによる衰弱に連日の出動による疲労がかさなって、とても戦える状態ではなかった。しかし責任感の旺盛《おうせい》な木村少佐は、これまでもつねにそうであったように、一月二日のグンビ岬攻撃でも編隊の先頭を進撃した。圧倒的に優勢な敵機群の中にマウザー砲装備の木村少佐機が突入したとみる間に、はやくもP38の一機が姿勢をくずして落下して行った。あざやかな一撃だった。つづいてもう一機を追う木村機のうしろに敵機が迫るのを僚機が気づいたが、救援が間に合わなかった。木村機のマウザー砲が火を吐くと同時に、後方の敵機の赤い火網が木村機をつつんだ。つい先に撃墜した敵機のあとを追うように木村機が海面に没するまで、わずか数秒の出来事だった。

木村少佐ほどのベテランになると、敵を追いながらもかならず後方を確かめるものだが、衰弱しきった肉体が平常の注意力を失わせたものだろう。

飛燕育ての親の一人である木村清少佐の戦死は、現地部隊の士気に重大な影響をあたえたが、この悲報を聞いた設計室の受けたショックも大きかった。

「後方視界の不充分さが木村少佐を殺す原因になったのではないか?」

彼らはこの懸念を打ち消すべく、すぐに隼や海軍の零戦のような後方視界のよい水滴型風防への改修作業を進め、二型の生産を途中からこれに切りかえた。この間の経緯は、同じく途中から水滴型風防にかわったP51ムスタングに似ている。

第六十八戦隊長木村少佐の戦死は、そのままウエワク方面のわが戦力の衰退を意味した。木村少佐戦死から三週間後の一月二十三日のウエワク上空迎撃戦では、第五十九戦隊の戦隊長代理で「ニューギニアの空は南郷でもつ」といわれていた南郷茂男大尉が戦死した。木村少佐が飛燕の星とするなら隼の星ともいうべき南郷大尉は、飛燕より低性能の隼の操縦席に颯爽《さっそう》とした長身を沈め、格段に性能のまさる敵のP38やP47の大群中に突入して、木村少佐と同じように南海に消えた。

『一月十八日のウエワク邀撃戦で、相子晋作軍曹（少飛六期）が敵戦闘機と相討ちになってともに落下傘降下したのち、地上で格闘して捕虜にするという武勇伝もあった。

また戦果不振のなかで、陸士五十五期の弱冠高宮敬司中尉（十七機撃墜）と浅井光貞中尉（七機撃墜）の健闘ぶりが光ったが、それぞれ二月一日と三月六日に戦死した』（伊沢保穂、『日本陸軍戦闘機隊』航空情報編集部編）

ラバウルが〝搭乗員の墓場〟なら、ウエワクもまた〝操縦者の修羅場〟であった。

あいつぐ特殊機の試作

昭和十五年はじめ、陸軍の要求による重戦キ60および軽戦キ61の設計開始にあたり、戦闘機にたいする陸軍の考え方が定まっていないのを見こした土井は、万全を期するためにこの二種の戦闘機のほかに時速七百キロ以上を目標とした超重戦を計画した。当時の世界の戦闘機の大勢からみてキ60が本命になるだろうと考えられたが、キ60が完成した時点で軍が一歩退いて軽戦にもどるか、あるいはさらに速度と強武装を要求するか、どちらに傾いても取りこぼしのないようにしておこう、というのが土井のハラであった。

さいわい陸軍は、川崎の自主企画を認めてキ64の機体番号をあたえてくれたが、当時の陸軍には民間の企画を積極的にとりあげる姿勢がうかがわれた。朝日新聞社および東大航空研究所（航研）が立川飛行機と共同で開発した超長距離機「A26」をキ77とし、航研と川崎航空機の共同開発になる高速度研究機「研三」をキ78としたのもそのあらわれで、しかもうるさい注文もつけずに審査をしてやろうという寛大なものだった。

設計陣の能力以上に試作命令を乱発したとして非難される面もあったが、試作の仕様などについては、あまりこまかいことを言わず会社にまかせたのはいいことだった。この点、海軍は零戦設計のときだけでなく、のちの十七試艦上戦闘機設計のときにも、要求性能のほかに翼面荷重その他を指定するなど、かなり設計技術的なことまで立ち入ったようだ。

キ77は昭和十九年七月に一万六千四百三十五キロの周回長距離飛行世界記録をたてたし、キ78は昭和十八年十二月に時速六百九十九・九キロの日本速度記録をたてた。もちろんキ77は遠距離重爆キ74の、キ78はキ61など川崎の液冷エンジンつき戦闘機に、そのデータが生かされたが、こうした純粋な研究機を戦時の多忙な時期にやったことの是非《ぜひ》については意見が分かれた。しかし、設計をふくむ技術者たちの中には〝是〟とする者が多かったようだ。

キ60、キ61につづく、〝第三の機体〟キ64は、最初の計画では昭和十六年十二月に第一号機完成の予定だったが、仕事が多忙だったのとキ61の成功などもあって二年ちかくも遅れ、試作一号機の試験飛行はキ番号のずっとあたらしいキ78「研三」より一年あとの昭和十八年末だった。

キ64は時速七百キロの高速を達成させるために有効な技術のすべてを注ぎこみ、層流翼型の採用や、双発でありながら操縦席の前後にエンジンを配置して空気抵抗を単発戦闘機なみにするレイアウトとしたほか、冷却法としてもっとも空気抵抗の少ない蒸気式表面冷却を採用した。これはドイツから輸入したハインケルHe100戦闘機およびHe119爆撃機に使われていたものを参考とし、ドイツ人技師の指導によってキ61の一機を改造して先に実験を行なったものである。

蒸気冷却法は、基本的にはエンジンのウォーター・ジャケット（自動車用水冷エンジンと同じ）内の冷却水に通常の三倍の圧力をかけて沸騰点を上げ、その分よけいにエンジンの熱を吸収させようというもので、ウォーター・ジャケットから出てきたところで圧力を急に下げると、一部は蒸気となって冷却水から潜熱をうばう仕掛けである。この蒸気だけを主翼表面の冷却装置にみちびいて冷やせば液体になるので、ふたたび冷却水としてエンジンのウォーター・ジャケットにもどしてやる。

冷却装置はエンジン二基分で、ほぼ主翼表面全面にわたるので、被弾したときが懸念されるが、実際に冷却される蒸気は全冷却水量の五十分の一程度だから急激にエンジンが焼きつくことはなく、冷却器に被弾したらエンジンがイカれてしまう普通の冷却法より安全と考えられた。ただし、主翼表面の冷却面積は、水平最大全速飛行に間に合うようになっていたので、地上運転、離陸、全力上昇などエンジンのフル・パワーを使う場合には能力不足のおそれがあった。

二重反転プロペラでタンデム式双発型式の試作高速戦闘機キ64。川崎が技術の全てを注いだ意欲的な高速実験機だった。

最大出力発揮時の冷却能力不足を補うため、一基のエンジンにつき百リットルの補助水タンクが備えられた。

キ64試作機の進空式は昭和十八年十一月二十八日、各務原飛行場で行なわれた。初飛行はまあまあだったが、離陸のとき蒸気機関車のような白い蒸気を吐きながら上昇して人びとをおどろかせた。

着陸は慎重だった。パイロットはエンジンの間にいるので、もし着陸に失敗したりすると前後のエンジンにはさまれて押しつぶされるおそれがあったからだ。

キ64の駆動方式は、前方エンジンのプロペラ軸を中空とし、後方エンジンのプロペラ軸をその中に通して直径三メートルのプロペラをたがいに反対方向にまわすようになっていた。

エンジンは、ハ40を改造して二重反転用としたハ201だったが、プロペラ技術が追いつかなかったので二重プロペラのうち前方が固定ピッチ、後方が可変ピッチという変則的なものになってしまった。このため試験飛行では、前後プロペラの回転が合わずパイロットは苦労したらしい。そのほか、大きな熱源であるエンジンにはさまれているために操縦席内はかなり温度が上がり、熱かったという。

五回目の試験飛行のとき、この熱い飛行機の後方エンジンからついに火を発して飛行場に緊急着陸するという危うい場面があった。さいわいパイロットの処置が良かったので、胴体と脚の一部を破損した程度にとどまったが、前後のプロペラをドイツのVDM可変ピッチ・プロペラにかえるためのエンジンの一部を改修する作業が残った。しかし明石工場の技術陣は現用のハ40およびハ140の問題解決に追われて手がまわらず、戦争の状況もそれどころではなくなったので、そのまま放置されてしまった。

エンジンをハ140二基にかえれば時速八百キロも可能という計算結果がでていたが、当時の日本の技術ではこなすことができたかどうか、また動力装置全体の重量が一千五百キロに達するとあっては実用化はおぼつかなかった。

新型式の飛行機にたいするパイロットの緊張も相当なものらしく、テストパイロットの片岡載三郎操縦士などは試験飛行をおわって着陸するたびに、飛行場の草の上に大の字になって、「やれやれ、今日も命びろいした」とため息をついたという。

キ64には後日談がある。終戦直後の昭和二十年十月、アメリカ空軍が技術的にユニークなキ64の調査のために各務原にきたが、担当のデル・ワース大尉は調査結果をつぎのように報告している。

『キ64の設計は、エンジンをタンデム（前後方向の串型）に配置装備している点で日本機中比類のないものであり、その翼面冷却法は、充分にアメリカの設計者たちの興味をひくものである。同機の設計は良好であり、沈頭鋲《ちんとうびょう》を用いた機体構造はアメリカ機にくらべて優るとも劣らないものである』

対大型爆撃機用の試作戦闘機キ88のモックアップ。機首先端は37ミリ砲(上)、操縦席後下方にエンジンがおかれた(下)。

　ほめすぎの感がないでもないが、薄幸だった〝異端児〟キ64もこれで浮かばれよう。

　全備重量五トン、最大速度六百九十キロ、上昇時間五千メートルまで五分三十秒、二十ミリ機関砲四門をもつ日本ばなれのした超重量級試作戦闘機で、設計担当は北野純技師だった。

オーソドックスな機体をやる一方では、たえず新型式の機体開発を並行的に進めるのが土井の方針であり、それも技術の共通性を生かして二、三機種を同時にやってのけるのが得意だった。

大型爆撃機にたいする火力強化のためキ61に三十七ミリ砲を装備する問題がもち上がったとき、土井はすぐに研究中だったキ64の技術流用を思いついた。

キ64の前方エンジンを取り除き、かわりに三十七ミリ砲を取りつければいい。つまりアメリカのベルP39エアラコブラのようなレイアウトにする、と。

ところが、そのベルP39はニューギニア戦線でわが飛燕と対戦し、パイロットたちにとっては撃墜の容易な〃お客さん〃だった。プロペラ延長軸内を通ってプロペラ軸中心から発射される三十七ミリ砲は当たればたしかに威力があったが、目まぐるしく動きまわる戦闘機同士の空戦には、いささか重荷に過ぎたようで、あまりこわくない〃空の毒蛇〃であった。

〃和製エアラコブラ〃の設計試作は、清田堅吉技師が主となってキ64とほぼ並行して進められ、軍もキ88の機体番号を与えた。一千二百五十馬力のハ140甲エンジンはやや出力不足の感はあったが、高度六千メートルで時速六百キロを出し、三十七ミリ砲一門と二十ミリ砲二門の強力な武装は、四発のB17やB24、さらには開発を伝えられる「超空の要塞」ボーイングB29などにたいして有効と期待された。

しかし、これから開発される機体の最大速度が六百キロというのは、いささかもの足りない感があり、昭和十八年六月には主翼および胴体がそれぞれ治具上で完成し、いよいよ組み立て開始という段になって、軍から中止命令が出された。

足元に火がついたような戦局の切迫が、こうした特殊な機体の開発にたいする軍の熱意を失わせたものだが、ムダ骨を折らされた技術者たちには気の毒な結末だった。

川崎の話ではないが、以前にこういうことがあった。昭和十一年に行なわれた三菱、中島両社の試作重爆撃機の競争試作のときだった。ほとんど優劣のつけがたい両社の試作機にたいして軍は、中島機のエンジンと機体設計のいいところを三菱機に移しかえて三菱機を

川崎が社運を賭して開発に挑んだ四発超重爆撃機キ91。土井の仕事は戦闘機にかぎらず輸送機、爆撃機と幅ひろかった。

九七式重爆撃機として採用することにした。つまり三菱機と中島機を足して二で割ったような機体ができ上がったわけだが、それならばむしろ中島機に三菱機の長所を移しかえたほうがはやいくらいのものであった。この政治的ともいえる決定に中島の設計主務者松村健一技師の受けたショックは大きく、彼はしばらくノイローゼになってしまったという。

さいわい川崎の技師たちにとって、キ88は本流の仕事ではなかったし、それに忙しすぎたからこの中止にむしろホッとしたというのが本音だったといえよう。

多忙といえば、比較的早い時期にジェット・エンジン開発を手掛けたことも特筆すべき出来事だった。

ピストンの往復運動をクランク軸の回転運動にかえてプロペラをまわす、いわゆるレシプロ・エンジンつき飛行機の性能の限界を予測して、ドイツその他ではロケット・モーターやジェット・エンジンの研究がかなりはやくから行なわれていたが、日本でも昭和十七年七月に爆撃機の緊急加速用補助機関として小型ジェット・エンジンの開発を陸軍と川崎の共同ではじめた。明石工場の関係者たちはラム・ジェットなど四種のジェット形式について研究を進め、九九式双発軽爆撃機（キ48）の爆弾倉の下に取りつけて飛行実験を行なうまでになった。テストのため、福生の陸軍航空審査部に持ちこまれた九九双軽が、腹の下に見なれない大型爆弾のようなものをぶら下げて飛ぶ姿を見て、知らない周辺の住民たちは「すごい新兵器らしいぞ」とうわさし合った。

残念ながらわが国初のジェット・エンジン開発も途中で打ち切られてしまったが、昭和十九年後半から二十年にかけてロケット戦闘機秋水やジェット戦闘機橘花《きっか》、火龍《かりゅう》を緊急開発する必要に迫られて、海軍を中心に日立、三菱、石川島などが加わり、ふたたびジェット・エンジンの開発がはじまった。これもまた国全体として考えればロスの多い話だった。

中島飛行機の小山悌技師長がそうだったように、川崎航空機の試作部長土井武夫の仕事も戦闘機だけでなく爆撃機から輸送機までと、そのレパートリーは実にひろい。川崎が社運をかけようとした四発超重爆撃機キ91もその一つだった。

昭和十九年三月には、はやくも第一回の実大模型審査、つづいて五月には第二回目の審査というところまでこぎつけ、六月の岐阜試作工場完成とともに組み立て治具の製作もはじまった。しかし、会社をあげての努力にもかかわらず、ここまでが限界だった。

この年の七月に失ったマリアナ諸島からの、敵の四発大型爆撃機ボーイングB29による戦略爆撃が十一月に開始され、アメリカ本土空襲より日本本土を守ることのほうがさらに緊急事となったからだ。

高性能に救われる

昭和十八年の夏以来、この方面の戦闘機隊の指揮を一手に引き受けていた第六十八戦隊長木村清少佐のもとで、機材の不足と可動率の低下に悩みながらも攻撃に迎撃に、飛燕戦闘機隊はなおがんばっていた。しかし、敵は戦爆連合の二百機、三百機という大群とあっては、しょせん望みなき戦いだったが、愛機飛燕に身を託した若者たちは、この大敵に捨て身で戦いをいどんだ。

昭和十八年末、わが航空兵力、とくに戦闘機を一挙に叩くべく、敵は四百機の戦闘機を集めてウエワクに攻撃をかけてきた。これを迎え撃つわが戦闘機は第六十八、七十八、三十三の三個戦隊あわせて四十八機、約八分の一の機数であった。飛燕の六十八戦隊も十六機で出動することになったが、このなかには着任してすでに四ヵ月、激戦の洗礼の中でようやく一人前のたくましい荒鷲に成長した小山（旧姓、梶並）進伍長もいた。

敵大編隊接近の報に、飛行機の防弾鋼板を利用した急ごしらえの警報機が打ち鳴らされ、エンジンがいっせいに始動した。轟音の中をパイロットたちをのせたトラックが急ぎ、愛機の前でトラックを飛びおりたパイロットは、すばやく操縦席におさまる。整備員が告げる「異状なし」の合図ももどかしく各機とも滑走路に向かう。

戦いは、まさにはじまろうとしていた。

以下、小山伍長の回想である。

『離陸試射、そして上昇しながら山脈の上空六千メートルの集合地点に急いだ。あちらこちらから、ポツポツと機影が浮かび上がってくる。離陸六分後、われわれはウエワク山脈上空六千メートルに小隊八機が完全に勢ぞろいした。

隊形は密集編隊、私は相もかわらず井上小隊である。今日は井上機の無線機が完全なので心強い。そろそろ敵機の発見時刻だ。上空は雲ひとつない。

　やがて井上中尉機の翼が上下にふられた。中隊長機もさかんに翼をふっている。基地から無線による指示があったのだ。われわれはただちに反転、二百メートルに開いて戦闘隊形をとった。敵はおそらく何層にもなって進入してくるにちがいない。もっとも上層にいる私たちが今日の戦闘ではとくに有利だが、なにせ相手は四百機、絶対に油断はできない。

　目を皿のようにして東の空をにらむ。と、朝のまぶしい太陽を受け、東の空にチカチカと光るものがみとめられた。それが見る間に、まるで群がり飛ぶ蜻蛉《とんぼ》のように無数の黒点となり、しだいに大きくなってくる。

　一つ、二つ、三つ……十、十一、十五、三十……エイ、めんどうくさい。われわれと同高度、機数はざっと七、八十機。ちょうどわが編隊の十倍だ。

　私たちは右に大きくまわり込みながら上昇をはじめた。しだいに距離が近づき、敵もこちらに気づいたか、切りはなされた無数の落下タンクが陽光にきらめきながら舞い落ちて行くのが目に入った。あと数秒で乱戦がはじまるのだ。敵も上昇をはじめた。たがいに間合いをはかるように上昇をつづけ、ついに同高度に達したときわれわれ八機は敵の八十機の渦の中に飛び込んだ——というより巻き込まれてしまったのだ。わたしはただ夢中で松井曹長機について行く。

　最初の空戦は水平面から入った。八十機対八機の、比較にならない空戦の渦はしだいにひろがって行く。われわれ第二分隊は戦闘隊形をやや縮め、けんめいに小隊長機に従った。わが小隊は左旋回で敵の左側に出ようとしているのだ。しかし敵もさるもの、数をたのみに、こちらの思いどおりにはしてくれない。

依然として渦巻き運動がつづく。敵味方ともクルクル旋回しているだけで、どちらもなかなか攻撃をしかけられない。旋回しながらたがいに相手のスキを見つけようと必死になっているのだ。私もしだいに落ちつき「人間は一生に一度は死ぬものだ。ままよ、生命を捨ててかかればこわいものはない。ここはひとつ俺の運だめし、腕だめしだ」と思ったら、こわばった体もやわらかくなった。

――突然、左後上方からわれわれ第二分隊の鼻づらに、雨のように火の矢が降ってきた。私はヒヤッとしたが、とっさに操縦桿を腹につくほど引っぱり、フット・バーを力まかせに蹴とばした。急旋回によるはげしいGでくらむ目の奥から前方を見ると、松井曹長機も翼端から白煙を引きながら左急旋回をやって敵の射弾を回避している。われわれはそのとき第一分隊を見失い四機になってしまった。

この不意の敵の攻撃で敵味方のすくみ合いが破れ、はげしい空戦に移行した。形勢はわがほうが絶対に不利だ。敵機はほとんどがカーチスP40、そのほかにP38が少し、それとさきほど攻撃をかけた一編隊の機影をチラッと見たが、どうもうわさに聞くリパブリックP47Bサンダーボルトらしい。

上昇旋回している私の鼻先、二機の敵機が急降下してくるのが目に入った。

「敵に背中を見せてはいけない」と警戒しながらうしろを見たが、敵機はいない。正面からぶつかろう、と思うよりはやくそのまま敵機に突進した。私は上昇姿勢、敵は下降姿勢、あきらかに有利なハンディをもった敵は猛然と突っこんできた。しかし、ここで背中を見せるのは自殺行為だ。私は正対したままの姿勢で、しっかりと機関砲の発射ボタンに指をかけた。敵の機影がものすごい速さでせまる。

私は辛抱づよく敵が撃ってくるのを待った。敵機はP47B、一機は土色にちかい色をし、他の一機はジュラルミンの素《す》肌《はだ》を見せている。鉄砲の数ではかなわない。P47Bは二機合わせると、実に十六門の十二・七ミリ機関砲をもっているのだ。

距離二百メートルぐらいか、ほとんど同時に射撃開始。そのとたん私は思わず首を引っこめた。十六門の敵の砲から撃ち出される火力は、またたく間に私の愛機を焼きつくしてしまいかねない。私も発射ボタンを押したまま、真正面から敵機にぶつかって行った。こうなれば、もう度胸の問題だ。相手を避けたほうが負けだ。

あわや衝突！　と思った瞬間、私は思わず目をつむってしまった。気がついたときはもう敵機は目の前になく、ひろい青空がスーッとひろがっていた。第一の危機は脱したのだ。高度はさっきより約一千メートルあがって六千五百メートルをさしていた。

まわりを見まわす。敵機は見あたらない。下方を見ると、いた。一千五百メートルぐらい下では、敵味方が入りまじって今や乱戦の最中だ。そしてあちこちに白煙や黒煙が、空から地上に向かってのびていた。はやく松井曹長機を見つけて編隊を組まなければ、と周囲に目をくばりながら降下して行くと、左斜下方に一機の三式戦が四機のP40に追いかけられているのが見えた。接近してよく見ると井上中尉機だった。

これは一大事、と注意ぶかく後上方から単縦陣最後尾のP40に急降下攻撃をかけた。三式戦の加速はすばらしい。たちまち敵機との距離を百メートルぐらいにつめたところで十二・七ミリ二門を発射した。井上機は敵機に追われるのに夢中で、まだ私の助勢に気づかない。私の一連射で最後尾のP40は火炎の尾をひきながら落ちて行ったが、敵はまだ最後尾の一機を落とされたのを知らずに追撃をやめない。はやくしないと井上機があぶない。私はいったん下方に抜け、少し遠ざかってから上昇して二度目の攻撃に移った。

ほとんど基本どおりの理想的な後上方攻撃の第二撃を加えると、この敵機も七、八十発目ぐらいで大爆発をおこし、空中に飛び散ってしまった。この爆発で前方の二機もやっと気がつき、急に井上機の追尾をやめて急反転し、急降下で逃げてしまった。

私は編隊を組むべく井上機のすぐそばにより、手まねで「何ともないか」と聞くと、井上中尉は敬礼をして感謝の意を送ってきた。私も、上官を助けたことで心安まる思いだった。しかも一度に二機も撃墜することができたのだ』（前出、小山進「飛燕空戦録」より）

このあと小山伍長は、さらにP47を一機撃墜し、全部で三機撃墜を記録したが、後方から攻撃されて二十九発の敵弾をうけ、そのうえ左足を負傷しながらも避退して基地に帰りついた。この記録を見るとエンジン好調時の飛燕の強力な戦闘機ぶりがある。

現在、四国松山市にすむ小山伍長（のち曹長）は、彼の愛機だった飛燕をこう評している。

『とかくの批判はあったにせよ、私は陸軍唯一の水冷（液冷）エンジンつき戦闘機として、申し分のない優秀機だったと思う。あのガッチリした機体の、とくに突っこみ性能の優秀さが私を救ってくれたのだ』

戦力回復のため内地帰還

昭和十八年末に飛燕の工場生産が月産二百機に達したことは前に述べたが、これにともない十九年に入って飛燕装備の新しい戦隊がぞくぞくと創設された。

まず二月十日、各務原で飛行第十七戦隊が、そして明野で第十九戦隊が編成をおえて、飛燕のみの第二十二飛行団を結成し、翌十一日には調布で第十八戦隊が編成を完了、六十八、七十八の両戦隊から数えて五番目の飛燕戦隊となった。

ところが十七戦隊長の荒蒔義次少佐を除けば、十八戦隊長磯塚倫三少佐、十九戦隊長瀬戸六朗少佐ともに軽爆撃機からの転科であり、戦隊を構成するパイロットも練度の低い若年者が主体であったために不安材料が多かった。

さらにこのあと、三月から五月にかけて第五十五戦隊と第五十六戦隊が飛燕をもって編成され、これまで隼一辺倒だった陸軍戦闘機陣に新勢力を形成した。もっとも、このほかに同じ川崎の設計になる双発の二式複座戦闘機屠龍もぞくぞく整備されつつあったし、中島の二千馬力エンジン装備の重戦闘機キ84も四月には四式戦闘機疾風として制式採用が決まって部隊編成の準備が進められていた。おくればせながら陸軍戦闘機も新鋭機の装備が緒についたのであった。

飛燕がニューギニア戦線にはじめて出現したころ、連合軍側ではドイツのメッサーシュミットMe109を日本でコピーして作ったものと勘ちがいしたらしく、彼らはさっそく飛燕に「トニー」のニックネームをつけた。日本でも〝和製メッサー〟などとよばれたくらいだからムリもないが、やがて、トニーと対戦した連合軍パイロットたちは、それがMe109とはちがう手ごわい相手であることを知らされた。

たしかにMe109と同じダイムラーベンツのエンジンを装備した飛燕の側面形はMe109に酷似して見えたが、日本戦闘機の特徴である操縦性の良さを失っていなかった。しかも、これまでの対戦相手である隼や零戦にはなかった、西欧側戦闘機の特徴である急降下性能を、合わせもっていた。

新顔であるトニーは、この点で連合軍パイロットたちを困惑させた。隼や零戦では攻撃されてもダイブして逃げれば追いつかれることはなかったし、格闘戦に引きこまれることさえ警戒すれば、なんとか戦闘の主導権をにぎることができた。

ところがトニーは追跡されると、信じられないようなダイブでかわし、いったん攻撃に入ったら、これまでの日本機にたいするように、ダイブでふり切ることはきわめてむずかしかった。トニーは隼や零戦が空中分解をおそれてこえようとしなかった急降下制限速度の壁をなんなく突破し、すばらしいダッシュ力を発揮して、どこまでも追ってきた。また小さな旋回半径で相手を翻弄《ほんろう》することもできたから、旋回性がわるく急降下性能もトニーに劣るカーチスP40やベルP39などは、奇襲か数にたよるほかに勝ち目はなかった。

しかし、アリソンの液冷一千九十馬力エンジン二基、すなわちP39やP40の二倍のパワーをもつ双発双胴のロッキードP38ライトニング戦闘機は好敵手だったらしく、前線の飛燕部隊からの空中戦闘にかんする所見によると、かなりの難敵であったことがわかる。

『P38はロッテ戦法（二機ペアによる相互支援戦法）巧みにして、二～四機の連繫すこぶる良好なり。ただし操縦者それぞれの伎倆、とくに射撃は良好とはいい難し。P38との交戦において、三式戦闘機隊は混戦におちいり、奇襲せられること比較的多く、戦闘規範の徹底および訓練向上の要を痛感しあり』

つまり飛燕の性能そのものより、編隊戦闘法に問題があることを指摘しているが、わが陸海軍はそれまでの最少単位三機編成から四機編成にかわったばかりで、そのうえ機上無線機による相互通話が不自由だったことも大きなハンディとなったようだ。

航空攻撃だけでなく、連合軍はつぎつぎに上陸作戦を行ない地上からも日本軍を圧迫したが、昭和十九年に入るとウエワク、ホーランディアなどの航空基地への直接上陸のおそれが増大していた。すでに年はじめの戦闘で大黒柱ともたのむ木村清少佐を失い、この方面の飛燕部隊の戦力は人員、機材ともに急激に低下していった。内地の工場では飛燕の生産が大車輪で行なわれていたが、二月中旬以降はここまで空輸することすら困難になっていた。

ウエワク危うしとあって、三月中旬には六十八、七十八両戦隊の生き残りパイロットと整備員の一部が輸送機で後方のホーランディアに移動した。だが連合軍側の攻撃の手は、これをも見逃さなかった。移動してまもない三月末、ホーランディアは大空襲をうけ、両戦隊の戦力は飛行機わずか九機、パイロットは合わせて四十名たらずに激減してしまった。

この空襲は、連合軍が大規模な上陸の前に行なう予告のようなものだった。果たして四月二十二日、連合軍はウエワク、ホーランディアに上陸し、わが航空部隊は空中と地上で上陸軍を迎え撃ったが、あまりにもちがいすぎる戦力差には、しょせん歯が立たなかった。残った飛行機も全滅、第十四飛行団長恩田謙蔵中佐も地上で戦死するなど、事実上飛行団は壊滅してしまった。

このころ、戦死した六十八戦隊長木村清少佐の後任に発令された貴島俊男少佐は、フィリピンのマニラ経由でセレベス島のメナドに着任した。そして五月にはハルマヘラ島へ移り、生き残った七十八戦隊および六十三戦隊（隼）のパイロットと整備員の一部で集成戦闘飛行隊を編成して一応は任務についたものの、実動機十機、パイロット十二名ではどうにもならず、そのうち事故で貴島戦隊長を失うなど、どこまでも悲運がついてまわった。またこれより先、飛行機を失った七十八戦隊も上陸した連合軍を避けて移動中に、戦隊長の泊《とまり》重愛少佐が戦病死してしまった。

こうなっては戦隊の再建は不可能となった。七月二十五日、戦力を消耗したほかの三個戦隊とともに六十八、七十八両戦隊も解散命令をうけ、薄幸だった運命の幕を閉じた。

ウエワク、ホーランディアに上陸した連合軍兵士たちは、そこに置き去りにされた、かつての強敵トニーを見たが、うらぶれた残骸からは、あの空中での精悍さはうかがうべくもなく、スクラップにされ、スーベニールとして部品をはぎとられる姿があわれだった。

しかし、最初の飛燕部隊である六十八、七十八両戦隊の血は、完全にとだえたわけではなかった。十九年八月に台湾の台中で臨時編成された飛燕装備の第百五戦隊には、少数ではあるが、ニューギニア方面で解散したばかりの六十八、七十八両戦隊の生き残りのパイロットがふくまれていた。

昭和十九年はじめに編成された十七、十八、十九の各飛燕戦隊は、この年の半ばごろからフィリピンに派遣されたが、戦果は決してかんばしいものではなかった。原因は、パイロットの未熟さもあったが、戦隊長が爆撃機からの転科で戦闘機の運用になれていなかったうえに、最初からむずかしい飛燕にあたったためだった。それに、ほかの戦闘機隊もふくめて各戦隊の行動がバラバラで、優勢な敵機動部隊艦載機のフィリピン空襲によって大打撃をうけた。

審査部でずっと戦闘機をてがけ、飛燕にも精通していた第十七戦隊長荒蒔少佐は、このことが歯がゆくてならなかった。

「自分に戦闘機百機をあたえてくれれば、敵に勝手なまねはさせないものを……」

荒蒔少佐は持ち前のガムシャラぶりで、南方総軍に直訴した。司令官寺内元帥や参謀たちは賛成したが、師団司令部が反対した。

「指揮官の優劣で飛行機の数を増減するわけにはいかない」というのが、その理由だった。

「われに手兵百機をあたえよ」とする荒蒔少佐の悲願もしりぞけられ、効果のうすい反撃をくり返しているうちに、十月二十日、連合軍はいよいよフィリピン進攻の序幕であるレイテ島上陸を開始した。

制式、護衛用合わせて三十二隻の航空母艦をふくむアメリカ二百十六隻、オーストラリア二隻、これに揚陸用舟艇、掃海艇、油槽船およびその他の補助艦艇をふくめると実に一千隻にちかい大艦隊だった。

数からいえばとうてい歯が立ちそうにもない大敵だったが、日本陸海軍の反撃も盛んで、一時はレイテ湾の制空権はわが方がにぎったかに見える場面もあった。これまでの隼、飛燕に加え、あらたに二千馬力エンジンを装備した新鋭の四式戦闘機疾風が投入され、局地的な戦闘ではしばしば有利に戦いを進めることができた。しかし、あまりにも大きな補給力の差が、ながく優勢を維持することを不可能にした。

荒蒔少佐ひきいる第十七戦隊も、ネグロス島の基地から連日のようにレイテ湾に進攻し、敵艦船の攻撃や特攻機の援護、基地上空の迎撃戦などに奮戦したが、わるいことに荒蒔戦隊長以下マラリアで倒れるものが続出し、飛行機の消耗とともに戦闘続行が不可能になってしまった。

過労と栄養不足によって体力が弱ったところへ、南方の疫病が追いうちをかけたものだが、どんな勇猛な戦士も病には勝てない。とくに体力の消耗がはげしい空中勤務とあってはなおさらだ。

十一月から十二月にかけて、十七、十九の両戦隊は戦力回復のため内地にもどったが、すでにフィリピンの戦いに勝利の望みはなく、疲れ果てての内地帰還だった。

フィリピンから後退した飛行第十七戦隊は、僚友戦隊で一足先に戦力回復のため内地にもどっていた第十九戦隊と入れかわりに小牧に帰ってきた。八ヵ月前、荒蒔戦隊長以下、飛燕戦闘機三十機で勇躍出発したさっそうたる面影はなかった。戦隊長は高田義郎大尉にかわり、荒蒔少佐は三たび航空審査部付となって試作機の育成につくすことになった。後任の若い高田大尉にこれからのさらに困難な任務を託すことに心残りはあったが、岩橋、木村、坂川少佐らが戦死してしまったいまとなっては、彼のような審査のベテランは貴重な存在となっていた。それに、精神的にも肉体的にもはげしい消耗を強要される戦闘機部隊の指揮官の職務は、士官学校四十二期ですでに最古参の少佐となっていた荒蒔には重荷だったし、その円熟した伎倆を生かす仕事につくことが必要だった。

戦隊長に転出前には飛燕を担当していた荒蒔だったが、一年ぶりにもどってきた審査部の顔ぶれもすっかりかわっていた。戦死した木村清少佐の後任には、ずっと若い坂井菴《いおり》大尉が飛燕担当となり、隼戦隊からもどって来た黒江保彦少佐が新鋭の双発戦闘機キ102などを担当し、戦地気分のまだ抜け切らない荒蒔の担当は同じ戦闘機でもロケット機秋水、ジェット機橘花および火龍だった。世はすでにプロペラ機からロケットやジェット推進の時代に移ろうとしていたのだ。

しかしドイツ、イギリス、アメリカなどにくらべて日本のスタートはおそく、ドイツ潜水艦によって運ばれてきたメッサーシュミットMe163やMe262の図面の小さなコピーを手がかりに、昭和十九年になって、やっと開発がはじまったばかりだった。

それでも機体担当の中島、三菱、推進機関担当の石川島の作業ピッチははやく、秋水と橘花の試作機の製作にかかり、橘花よりひとまわり大きい火龍の設計もかなり進んでいた。だが実機が完成していないので審査担当とはいっても荒蒔の出番はなく、なにかと会議に引っぱり出される不満をかこつばかりだった。

一万メートルへの挑戦

かねてからうわさされていたアメリカの巨大な四発爆撃機ボーイングB29「超空の要塞《スーパー・フォートレス》」が日本軍の前にはじめて姿をあらわしたのは、一九四四年(昭和十九年)四月二十一日のことだった。

この日、インドの基地から中国大陸奥地の成都にむかったB29二機のうち一機を、たまたまこの方面を飛んでいた隼戦闘機十二機が発見した。しかし、数回にわたって反復攻撃を加えたにもかかわらず、B29はほとんど無傷で飛び去ってしまった。B17「空の要塞《フライング・フォートレス》」ですら大きすぎて目測をあやまったほどだったから、それをさらに上まわる「超空の要塞」は射撃開始のタイミングがとらえにくく、ずっと遠方から発射してしまったために、味方機が十二機もいながら有効な射撃を加えることができなかったのである。

それから二ヵ月もたたない六月十四日夜、成都基地を発進したB29六十三機によって九州の八幡製鉄所が爆撃された。日本を破滅に追いこんだB29による日本本土無差別爆撃のはじまりであった。

そして七月七日のサイパン島守備隊の玉砕は、ちかい将来さらに本格的なB29の爆撃が開始されることを意味していた。日本軍の戦死二万三千八百十一名、アメリカ軍の戦死傷一万六千五百二十五名、ともに大きな犠牲を強いられた凄惨な戦いだったが、サイパン島が敵手に落ちたことにより本州の飛行機工場をはじめとする軍需生産地域が敵の空襲圏内に入ることとなり、軍部のうけた衝撃は大きかった。

B29は全備重量四十七・五トン、高度七千六百メートルで毎時五百八十五キロの高速を出し、七トン以上の爆弾を積んで九千三百五十キロを飛べる高性能爆撃機で、川崎で土井たちがやっていた四発重爆撃機キ91に匹敵するものだった。

そのB29が、はじめて関東地区にやってきたのは昭和十九年十一月一日で、当時、東京防衛のために配備されていた防空戦隊は第十飛行師団の二式単座戦闘機鍾馗の第四十七戦隊、二式複座戦闘機屠龍の第五十三戦隊、そして飛燕の第二百四十四戦隊で、それぞれ成増、松戸、調布飛行場を基地とし、このほかにも屠龍の二個戦隊が柏、東金に展開していた。

この日、B29の迎撃に上がったのは四十七戦隊の鍾馗と二百四十四戦隊の飛燕、それぞれ一個編隊だった。

空気の薄い高空で性能のおちるエンジンに充分な酸素を供給する排気ガスタービンをもっ

たB29は、一万メートルの高度をゆうゆうとやってきたが、わが飛燕や鍾馗のエンジンでは、その高度に達するのはきわめてむずかしかった。エンジンの出力は落ち、飛行機は浮いているのがやっとだったから、一撃をかけると高度は二千メートルも三千メートルも下がり、ふたたび高度をとってつぎの攻撃をかけることなど思いもよらなかった。B29はやってきたが、いま使っている戦闘機の性能では攻撃困難という事実に、軍は愕然《がくぜん》とした。

兵器の性能が不充分だという場合、あたえられた任務を遂行するためにわが第一線部隊でとる方法はひとつしかない。「肉弾による体当たり攻撃」がそれであった。

十一月七日、第十飛行師団命令により、各戦隊に体当たり専門の小隊を編成することになった。名づけて「震天制空隊」、第二百四十四戦隊からは四宮徹中尉ら四名がえらばれた。ところが人選はやったものの、肝心の飛燕の性能が体当たりに必要な高度に上がれないのでは、パイロットたちの闘志も発揮しようがない。そこで機体をできるだけ軽くするために二十ミリ砲をはずし、防弾鋼板をはずし、ほとんど裸同然でぶつかることになった。しかもこれでもまだたりず、機関砲一門につき三百発の弾丸を五十発に減らし、しまいには機体の迷彩塗装まではがした。

高々度ともなれば酸素不足でパワーが落ちるのはエンジンだけでなく、人間も同様だ。酸素を補給するために、はじめは酸素ボンベをつんでいたが、これが故障しがちで五千から六千メートルあたりで苦しくなった。酸素なしで九千メートルまで上がった者もいたが、そんなのは例外中の例外だし、上がることは上がってても戦闘などとてもやれたものではない。そこでしまいには酸素発生剤を使った。それでも上がれるのはせいぜい八千メートルどまりだったから、わずかにエンジンなどに被弾して高度の落ちた一機をよってたかって落とすのが精いっぱいだった。

Ｂ29のほうは、一万メートルの高空を飛んでも乗員室はすべて気密で三千メートルぐらいの高度とおなじ状態に保たれ、搭乗員はらくに空中任務を遂行できた。気密室のないわが戦闘機の操縦席内は、高空では冷凍庫なみの低温となり、防寒用のぶ厚い電熱被服を必要とした。ところが、ヒーターを入れるとたちまち電圧が下がり、射撃ができず無線機も聞こえなくなる。かといって上昇力を増すために武装まで減らそうというのに、余分なバッテリーなど積むことはできなかった。酸素も防寒も、エンジンのパワー低下を補う方法もないまま、防空戦闘機隊はＢ29にたいしムリな戦いをいどんでいたが、決して高々度迎撃専門の戦闘機の開発がなおざりにされていたわけではなかった。

パイロットのための防寒気密室と、エンジンの酸素不足を補う排気ガスタービンをもった戦闘機の開発は、すでに昭和十七年秋にＢ29の情報をキャッチした軍部が高々度からの日本本土爆撃の可能性を予測したことからはじまっていた。中島のキ87、立川飛行機のキ94がそれだが、いずれもわが国の航空技術としては未経験のことが多く、設計試作は難航し、はじめてサイパン島からＢ29がやってきた十一月一日の時点で中島のキ87がやっと図面完成、立川のキ94は途中の計画変更がたたって、まだ設計中という状態だった。

中島、立川両社のおくれをよそに、川崎航空機は、いち早く二種の高々度迎撃可能な戦闘機の試作をおえていた。

すなわち十九年三月には双発高々度戦闘機キ102甲が、ついで四月には飛燕一型改のエンジンをハ140にかえたキ61二型改の試作機を完成させた。またキ102をベースにした「まゆ形」気密室つきのキ108も十九年七月に完成、川崎の仕事のはやさは他社にぬきんでていた。

どちらもベースとなるモデルがあっただけに開発の点では有利だったばかりでなく、試作部長のもとに設計から試作工場までがひとつにまとまった、〝土井一家〟ともいうべき川崎の能率的な開発体制の運用も見逃すことのできない要因だった。

「いい飛行機だ。一万メートルまでらくに上がれる。これなら敵大型機が高々度でやってきても大丈夫だ」

昭和十九年四月に完成したキ61二型改をテストしていた川崎の至宝片岡載三郎操縦士は、童顔に人なつっこい微笑をうかべて大和田技師に語りかけた。この人はテストパイロットという仕事をはなれて、心底からキ61にほれこんでいた。その仕事ぶりは熱心というよりは、とりつかれていたといったほうが適切だった。

彼は前年の八月、二型改の前身である二型の初めての試験飛行のとき、どうしたわけか脚を出さないで着陸したことがあった。地上で見ていた関係者たちがびっくりして駆けより、

「片岡さん、どうしたんですか？　脚の不具合でも……」と問いかけたのにたいし、片岡はケロリとして答えたものだ。

「いやー、どうも。実はあまり調子がいいので、なんとかこれをモノにしてやろうと考えな

キ61Ⅱ型とⅡ型改の比較（太線内が変わった部分）

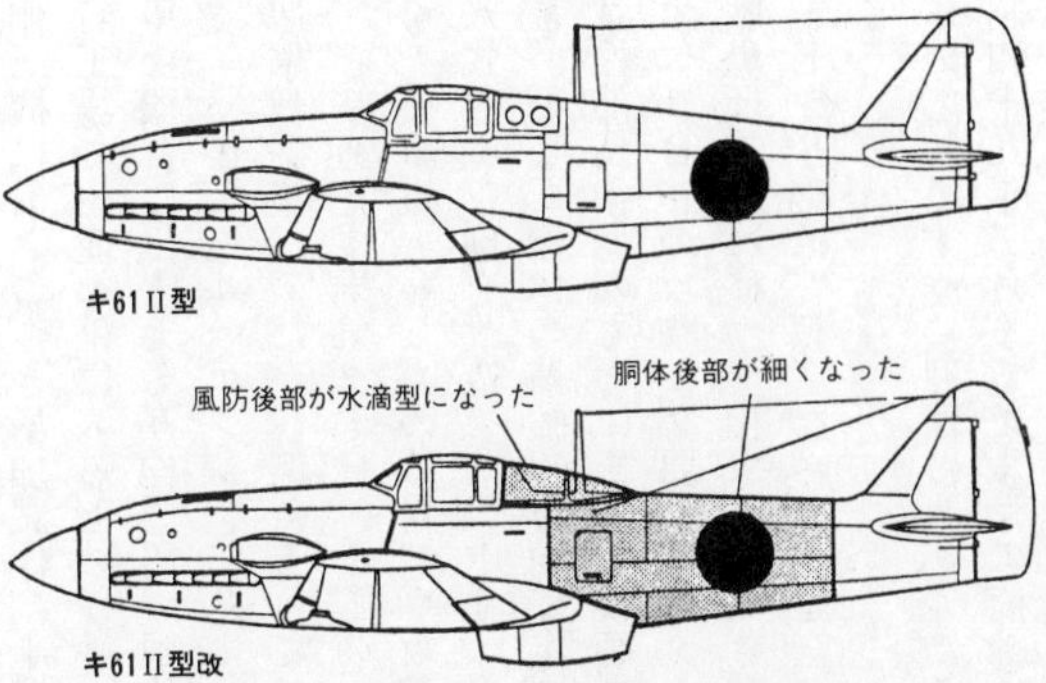

がら飛んでいるうち、つい脚を出すのを忘れて降りてしまったんですよ」

片岡の期待もむなしく、キ61二型はその後予期した性能に達しないことがわかって試作八機だけで打ち切られてしまっただけに、かわってでき上がった二型改にたいする彼の熱の入れようは、以前にも増してはげしいものがあった。

ハ40の性能向上型であるハ140を装備したキ61二型改は、最大出力の向上と高空性能の向上とによりこれまで一型や一型改が越すにこせなかった八千メートルの高度の壁をらくに突破したばかりか、一万メートルでも安定した飛行ぶりを見せ、編隊飛行が可能であると報告された。片岡操縦士は、この二型改の一機に実弾を装填して上がり、単機で偵察にやって来たB29にたいして二撃をかけて白煙を吐かせることに成功した。

もう一つの対B29戦闘機キ102も、キ45屠龍以来の手なれた双発戦闘機とあって、設計、試作、審査もとくに大きなトラブルはなく、キ102甲は試作三機に引きつづき増加試作二十機が生産され、襲撃機型のキ102乙は十九年初めごろから明石工場で生産準備に入るという手まわしのよさだった。

キ102甲は機首に三十七ミリ砲一門、胴体下面に二十ミリ砲二門を装備し、排気タービンつきの三菱「ハ112二型ル」エンジン二基によって高度一万メートルで時速五百八十キロを出す強力な迎撃戦闘機だったが、例によって排気タービンの技術的なおくれからエンジンが間に合わず、とりあえず排気タービンなしのエンジンをつけ、キ102乙として審査された。

もともと襲撃機というものは対戦車攻撃をねらいとするものだけに武装も強力で、キ102乙には八八式対戦車砲を改造した「ホ401」五十七ミリ砲が装備されたが、なにしろ発射時の衝撃が大きいので、機体の補強や方向安定の維持に苦心がはらわれたという。

土井試作部長指導のもとに根本毅技師を副主務として設計されたキ102は、完成時に甲型は相手とすべきB29の攻撃に必要な排気タービンつきエンジンが間に合わず、乙型のほうは、すでに戦場は内地に移って相手とすべき戦車がないという、ちぐはぐな結果となったが、乙型の五十七ミリ砲は、戦車ならぬ「超空の要塞」B29にたいして有効ではないかという意見が出た。

この声に応じてすぐに迎撃にあがったのは、審査部でキ102を担当していた黒江保彦少佐だった。昭和十九年二月までビルマの前線にいた黒江少佐は、低性能、弱武装の隼でB24を落とすのにさんざんてこずった経験から、六百キロちかい高速と一万メートルまで上がるのに二十分とはかからないこの高性能戦闘機に、大きな期待をかけていた。そして彼の期待に、この飛行機はみごとにこたえた。立川上空でB29に追いすがった黒江機の一撃は主翼に命中してエンジンを吹き飛ばし、あっけなく撃墜してしまった。おそるべき五十七ミリ砲の威力だった。

キ61二型改、キ102ともに実戦のテストでは成功をおさめたが、実用とするにはまだ多くの解決しなければならない難問があった。その最大のものはともにエンジンで、キ61のほうはハ140の信頼性、キ102ではハ112二型ルの排気ガスタービンの問題だった。とくにキ61二型改は現用装備機としてのさし迫った要求があっただけに深刻だった。

ドイツから買ったオリジナルのダイムラーベンツDB601型エンジンを国産化したハ40の公称出力が一千百馬力で、これを一千三百五十馬力にパワーアップしたのがハ140だった。しかし、本家のドイツでも改良したDB601E型は一千三百馬力だったし、さらに馬力向上した一千四百五十馬力のDB605も生まれているところからみて、設計技術的にムリがあるとは思われなかった。

前にも再三ふれたように、材料や工作の悪さ、点火プラグ、マグネット、燃料噴射ポンプなどの機能部品の質の悪さなどが、本来の設計水準をはるかに下まわった性能としたばかりでなく、故障、不調を倍加させた。このいそがしい時期に、材料、工作、部品の不良を補う設計改良などできるわけがない。エンジン設計者も現場技術者も、あまりにも多すぎる不調対策にふりまわされ、疲れ果てた。わるかったのは機械的な部分だけでなく、電線のようなもっとも基本的なものまでが不完全だった。Ｍｅ109にはすでにビニールで被覆《ひふく》した電線が使われていたが、日本では高分子工業の発達がおくれていたので、線の外側を糸や紙で巻いて塗料を塗ったもの使っていた。このため絶縁《シールド》が不完全で雨や熱ですぐ漏電《リーク》した。電線からのリークは、エンジン不調ばかりでなく機上無線をも使えなくする。

現在の日本の工業水準からすれば想像もできないことだが、満足な自動車産業すらなかった当時の日本では、いろいろなところに技術のおくれが目立った。

全備重量三千八百二十五キロ、翼面荷重百九十二キロ／平方メートル、二十ミリ、十二・七ミリ機関砲各二門をそなえ、操縦席のうしろに十三ミリ厚の防弾鋼板をもち、防弾タンクをそなえたキ61二型改は、エンジンさえ好調なら申し分のない戦闘機となるはずだった。

悲しき恋心

板生勉曹長(前出)らが南方の第一線に飛燕を運んだ陸軍航空輸送部は、昭和十九年二月に各務原からマニラに転出し、あとに中央航空路管区(風一八九一八部隊)ができた。ちょうど本州の中間に位置する各務原飛行場には、関東方面から南方の前線に向かう飛行機や、逆に南方から帰ってくる飛行機がひんぱんに発着するので、これらの飛行機をさばくための航空管制が主な任務だった。現在の航空自衛隊岐阜基地の航空管制塔のあたりに戦闘指揮所がおかれ、上野弥三中佐が部隊長だった。

もとより軍隊だからほとんど軍人で占められていたが、仕事の特殊性から、ここには女性が二十名ちかくいた。いずれも十七、八から二十一、二歳までのうら若き乙女たちで、黒のモンペにちょっぴりのぞかせた白い襟元の清楚さは、ここに立ち寄るパイロットたちの心を和《なご》ませた。

戦時中のこととて化粧もなく、真っ黒なモンペをはいた簡素なよそおいだったが、モンペのズボンのかたちや上質の生地を使うことによって、女性のやわらかい線を出すよう工夫していた。

さいわいこの地方は絹織物の産地なので、彼女たちの母親は惜し気もなく羽二重の着物を黒く染めて娘にあたえた。もちろん色は黒でなくてもいいのだが、黒が女性をもっとも引き立てる色であることを、彼女たちは本能的に知っていたのかも知れない。

当然、彼女たちの存在は目立ったし、若いパイロットの出入りの多いこの基地で、ひそかに彼女たちに親しい感情を抱く男性が現われたとしてもふしぎはない。しかもこの基地を飛び立って行く人びとは戦地に赴《おもむ》くことが多く、彼女たちが最後に接する日本女性となるかも知れないところから、ことさらその思いは深かったにちがいない。

昭和二十年に入ると、この飛行場からも多くの特攻機が飛び立つようになった。若い特攻隊員たちは、死につながる最後の飛行を前にして、それぞれの心の整理に苦悩していた。

――こんなことがあった。

基地に大沢光子（戦後、各務原市役所勤務）という女性がいた。軍に勤めて四年目だったが、女性ながらスポーツは万能で、女学校時代は陸上競技の選手だった。

ある日、特攻隊員の若い少尉が、その大沢光子にいった。

「陸上の選手だったそうですね。ひとつ競走してみませんか」

出発一時間前のことだった。光子は一瞬ためらったが、時がときだけに承知した。そして飛行場わきのグラウンドで思いきり走った。全力疾走した飛行服と黒いモンペ姿は、大きく息をしながら顔を見合わせて笑った。

それから間もなく、学徒出身らしいその少尉は、はればれした表情で飛び去った。

「気持を落ちつけるためだったのだわ」

若い特攻隊員の心情を思い、ハンカチをふって見送った光子の胸は、しめつけられるように痛んだ。

その光子が、淡い感情をいだいた男性がいた。陸軍航空輸送部に所属する三苫《みとま》不二夫中尉（戦死後、大尉）で、仕事の性質上たまにしか顔を合わせることはなかったが、心は何か通じ合うものがあった。航空輸送部がマニラに移動することになった昭和十九年二月、光子のもとをおとずれた三苫中尉はいった。

「いつまでも、少年のようにしていろよ」

それを聞いて、光子はハッとした。

小柄だが運動が得意で、活発な、どちらかといえばボーイッシュな感じのする彼女へのこの別れの言葉は、（万が一にも）自分が帰ってくるまでは乙女のままでいてほしいと、精いっぱいの愛の告白であった。だが彼女は、それにたいして何も答えることができなかった。あからさまな愛情表現をはしたないと教えた当時の倫理教育が、彼女の素直な反応をためらわせたのだ。

岐阜県の各務原飛行場で航空管制任務についた「風18918部隊」に勤務していた乙女たち。2列目右から2人目が大沢光子氏。

彼もまた、彼女と同じだった。

〝好き〟とか〝愛する〟とかは、まったく口にしなかった。あたかも兄が妹に接するかのように、言葉や態度は淡々としていたが、心づかいは細やかだった。

つねに顔を合わせているときは、そうでもないが、いったん遠くに離れたときに、たがいの思いの深さをあらためて認識することがある。それが恋であり、三苫中尉と大沢光子の場合もそうだった。

マニラに移った三苫中尉からは、たびたび手紙がきた。その内容は現地の様子や簡単な近況報告が主で、終わりに元気でいろよと書いてあった。一度だけ、「平和になったら、いっしょにあっちこっち行こうよ」と書いてよこした。

あきらかに結婚のプロポーズであったが、〝平和になったら〟の文言《もんごん》の中に、戦争が終わるまでは生死の定《さだ》かでない軍人の悲しみと、光子にたいする思いやりが隠されていた。

各務原地方では三月三日のひな祭りには餅をつき、菱餅をそなえる習慣がある。すでにひと月おくれとなっていたが、光子は菱餅をつくってマニラに送った。現地に行く飛行機便はいくらもあったが、できるだけつき立ての状態で送るため、そこはお手のものの輸送スケジュールを見て、もっとも早く着く飛行機便にのせた。その上、気象班の人には途中の天候を聞くなど万全を期した。

こうして愛の菱餅は、暑いマニラの三苫中尉のもとに故国の香りを運んだが、しばらくして、こんどはマニラから光子のところにお返しの飛行機便がとどいた。

これまでも光子に世話になったパイロットたちから、南方の珍しいものがとどけられたことはたびたびあったが、三苫中尉からの小包を開いた光子は目をみはった。中から出てきたのは、黒の男物と白の女物がペアになった手袋だった。

遠く隔てられた空間とは逆に二人の気持が急速に深まるにつれ、無情な戦争がそれをさまたげた。

昭和十九年十月のアメリカ軍のフィリピン上陸に先立って、マニラの航空輸送部は内地の宇都宮に後退した。ここには中島飛行機の工場があり、完成した四式戦闘機疾風の台湾、フィリピン方面へのピストン輸送が行なわれていた。

三苫中尉も、疾風空輸のため、五、六機を引きつれては宇都宮から台湾に飛ぶ多忙なスケジュールで、せっかく内地に帰っていながら光子に手紙を書くことさえままならない状態だった。

そんな中から三苫は、昭和二十年一月になって、やっとマニラから宇都宮に帰っている旨を光子に知らせてよこした。あわただしい電話連絡だったが、「ちかいうちに会えるかも知れない」という思いが彼女の心を明るくした。

しかしこの電話を最後に三苫からの音信が途絶え、彼女の胸に、もしやの不安がしだいにひろがった。

光子が三苫中尉の戦死を知ったのは、電話連絡から四ヵ月後の二十年五月のことだった。二月十二日、台湾に疾風を運んでの帰途、輸送パイロットたちをのせた輸送機が天候不良のため山に激突し、操縦していた三苫中尉以下全員死亡という不幸なアクシデントによるものだった。ときに二十三歳と六ヵ月の若さであった。

戦時下の女性のたしなみで、それを聞かされたとき動揺を見せまいとがまんを通した光子だったが、一人になったとき、あらためて失ったものの大きさに打ち

〝大東亜決戦機〟と称された中島の四式戦闘機「疾風」。三苫中尉は、比島方面への同機の輸送任務後、帰らぬ人となった。

ひしがれ、慟哭した。

男《お》の子なら　共に飛ぶこと叶うのに
女《おみな》に生まれ　天翔けりえず

一年前、マニラに向けて飛び立つ三苦中尉を見送ったとき、光子は限りない思いをそう詠《よ》んだが、いまはともに飛ぶことはおろか歩むことすらかなわなくなってしまった。恋とよぶには余りにもはかない別れとなったが、それだけに彼女の胸に生き続ける三苦の面影はいつまでも若々しく、美しい。

各務原飛行場の「風一八九一八部隊」にいた女性の一人川村美登里（旧姓田中、各務原市）は、大沢光子よりずっとおくれて女学校を卒業後、昭和十九年に軍に入った。部隊長上野弥三中佐のいる戦闘指揮所が彼女の職場で、ここには部隊長に申告のためパイロットの出入りがはげしかった。二十年に入ると特攻隊が多くなり、まなじりを決して申告する彼らの姿は乙女心をゆさぶった。

バラックの戦闘指揮所は何の飾りもない殺風景なところだったが、美登里は野の花を摘《つ》んできて生けた。上野部隊長は詩や和歌をたしなみ、花を愛する心やさしい武人だったので、彼女のこうした気遣いをことのほか喜んだ。

ここには、つねに戦争の臭いが満ちていた。

「この飛行機は爆弾をつめないので、燃料だけで行くんですよ」

練習機を改造した特攻機で出て行くパイロットが、美登里にそう語ったことがあった。同じ特攻でも、高性能の飛燕に乗って行けるのはまだましだった。沈痛な面持ち、重い足どり、あるいは快活に振舞う者など。特攻機が飛び立つと、数日して、新聞に名前や顔写真がのった。美登里は中に覚えのある名前や顔を見つけるたびに、「ああ、あの人が……」と、白羽二重のマフラーを首に巻いた一人一人の様子を思い浮かべて瞑目した。

戦後50年目の夏、青春時代の思い出の地各務原飛行場(現在の航空自衛隊岐阜基地)を訪れた「風18918部隊の乙女」たち。

出撃する特攻隊員たちはほとんどが身一つで、所持品は何もなかった。小遣銭すら持たず、操縦席に飾った母の写真と軍力だけが彼らと行をともにした。〝母と軍力〟が、死に向かう特攻隊員たちの心の支えだったのである。

今、各務原市役所があるところから約三百メートル西に、軍専用の旅館があった。ここには都合で出発が一日のびた特攻隊員たちがとまったが、ときには隊長のはからいで故郷から母を呼び、親子水入らずの最後の夜を過ごさせることもあり、そんなときの接待には部隊の女性たちも出て手伝った。

このころになると国内一般の食糧事情はひどくなり、彼女たちの弁当はゆでたじゃがいも三個、軍人の部隊長ですら五個といった粗末なものだったが、特攻隊員たちの接待にはできる限りの食事を出すようはかられた。

「お世話になりました」

翌朝、特攻隊員たちは彼女たちに笑顔で感謝の言葉をのべたが、涙をためてわが子を見送る母親の悲しみを思うと、川村美登里は返すことばもなかったという。

特攻隊員たちの前で、〝母〟を語ることは避けるべきとされていた。せっかくの覚悟に動揺が起きてはという危惧からだったが、その心配は無用だったようだ。彼らはむしろ思い残すことがなくなったとして覚悟をさらに固めた様子だったが、残された母親にとってはかえって残酷な別れだったに違いない。

勤労学徒の修理作業

戦争を戦ったのは、軍人や武器の生産に専門にたずさわった人たちだけではなかった。拡大し続ける戦争は膨大な労働力を必要としたが、一方ではその中核となるべき青壮年をつぎつぎに軍隊にとられ、人手不足は深刻となった。そこでこの穴を埋めるべき格好の労働力として浮上したのが、学生、生徒および軍隊に行かない婦女子たちだった。

それまでにも勤労報国隊として奉仕的な協力はあったが、これを組織化して正規の生産活

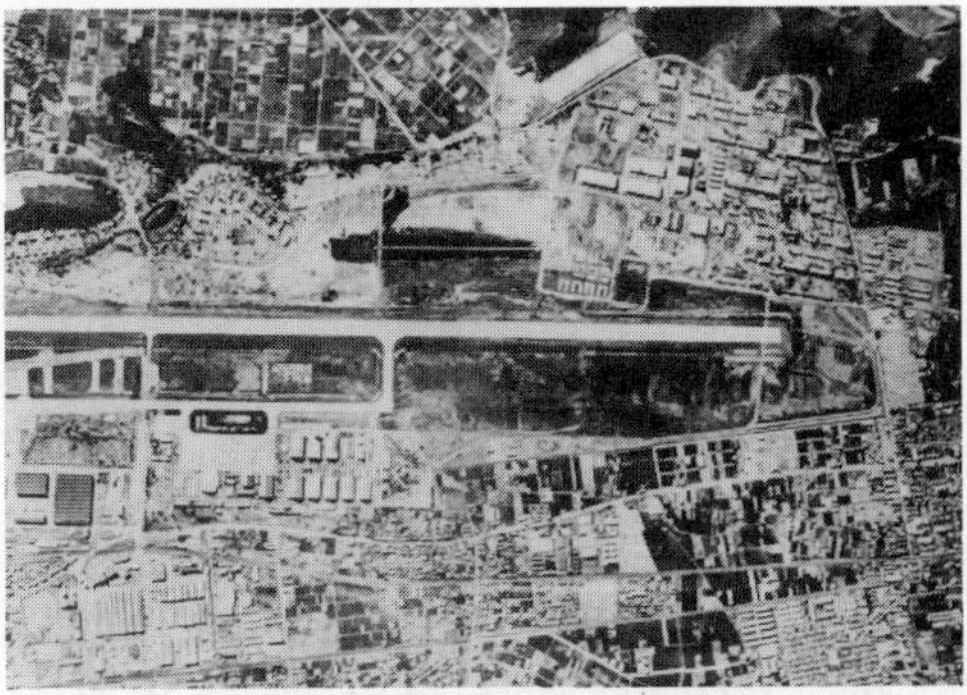

上空から見た現在の航空自衛隊岐阜基地。戦時中、エプロンのあたりに航空廠が、左下に川崎航空機岐阜工場があった。

動にくり入れようというのが、十八年七月十三日に発令された学徒の勤労動員令だった。また、これに先がけて女子挺進隊もぞくぞく結成され、なかば強制的に工場に送りこまれた。川崎航空機工業株式会社年表によると、十八年十二月二十日に明石高等女学校出身者十四名による女子勤労挺進隊が明石工場に入ったのがはじまりで、以後ぞくぞく「女子挺進隊」が川崎航空機の各工場に配属されるようになった。

岐阜県下の第一回女子挺進隊多治見高女隊二十名は、最初ということもあって在校生のブラスバンドに送られて岐阜工場にやってきたが、その一員だった長谷川千種は、多治見女子高の『創立五十年史』にこう書いている。

「川崎航空機では、県下の各女学校から集まった人たちが、これからの生活がどんなことになるのか、みな不安な面持ちでした。しかしその夜からは、肌にふれるとゾーと冷たいあのスフ（ステープル・ファイバー、化繊の一種）のせんべい布団と起居をともにする生活がいや応なしに私たちを待っていました。そして終戦までの約二年間、きびしくもうつろな工場生活が続くことになったのです」

東の立川と並んで岐阜県各務原は、陸軍航空の西の中心だった。ここには東西に長い飛行場（現在の航空自衛隊岐阜基地）に沿って川崎航空機（川崎重工）岐阜工場、陸軍航空廠、三菱航空機（三菱重工）組立工場などの航空関係施設が密集していたが、岐阜の名門校岐阜中学の五年生の一部は陸軍航空廠にまわされた。

彼らは中学に入って一、二年のころ、勤労奉士で工場に行ったことはあったが、まだ幼かったし、民間の会社でもあったので比較的のんきだった。しかし、こんどはちがっていた。各務原陸軍航空廠、ここは生徒たちにとって軍隊なみの場所だった。

入所すると、まず作業の基礎訓練が課せられた。

指導員の吹くピッピッという合図で、「イチ、ニッ」とやすりがけの訓練にはじまり、タガネの訓練に入ったところで音《ね》を上げた。

万力《まんりき》にはさんだ鉄板をタガネで切断するため、左手でタガネを切断部にあてがい、ハンマーを振りかざしてタガネの頭を叩くのだが、つい見当が狂って自分の手を叩いてしまう。といって力を加減したのでは鉄板は切れない。その結果、皮がめくれ、血がにじんではれ上がるが、「戦地の兵隊さんを思え」といって手加減はしてくれない。

ひととおり基礎訓練が終わると、各職場に配属になった。練習機の分解整備など仕事はいろいろあったが、困ったのは工具の員数合わせだった。

軍隊はすべて員数主義で、検査のときには工具の数が合っていなくてはならない。そこで

逼迫する戦況下の昭和18年７月13日、学徒の勤労動員が発令された。写真は、「飛燕」の組立工場で作業につく勤労学生。

油断していると、工具の数が足りないよその班の工員に盗まれてしまう。検査のときになってあわてても、もうおそい。一班六人が三人ずつ向き合ってたがいになぐり合う、軍隊でいう対抗ビンタの制裁を強いられ、ここが学校や一般世間とは別世界であることを思い知らされた。

そんなことがあって、純真な少年たちもしだいにすれ、自分たちもよそから盗んできて員数をそろえることを覚えるようになった。

同じ岐阜中学でも、四年生は名古屋電鉄各務原駅のひとつ手前の二十軒駅のちかくにある川崎の整備工場にまわされたが、ここは民間工場だっただけに航空廠とちがって空気は明るかった。

彼らの仕事は、でき上がって軍に引き渡す前の機体の最終整備だったが、部品不足には悩まされどおしだった。生産工場ですら不足がちだったのだから仕方がないが、それをいくらかでも救ったのは皮肉にも飛行機事故だった。

飛燕がおちたりすると彼らは事故現場に飛んで行き、電纜《らん》、計器類など使えそうな部品をはぎ取ってきた。軍隊流にいえば、彼らは〝員数外〟を生み出したのである。

彼らの苦闘は、部品不足だけではなかった。

新品の飛行機の整備のほか、空戦で被弾した機体の修理も彼らの仕事で、敵弾によってあいた穴をふさぐ作業が多かった。

この作業は小さく切ったジュラルミン板（パッチ）を弾痕にあてがってリベットでとめるのだが、リベット打ちには裏から当て金という工具をささえることが必要で、機体内のせまい個所で手が入りにくいようなところは、まだ体の小さい中学生がもっぱら受けもった。身をこごめて胴体内に入りこみ、それから精いっぱい手をのばして当て金をささえる。外から機関銃のようなリベット打ちがはじまると、体に伝わる強い振動とせまい空間に反響するすさまじい轟音で耳が痛くなり、からだがバラバラになるような気がした。

工場での工作精度がわるいのか、あるいは部品が寸法どおりできていないせいか、点検のためカバーをはずすと穴が合わず、どの部品をもってきても取りつかないということもあった。熟練工がつぎつぎに出征し、徴用工、挺進隊、動員学徒などが生産労働力の主力を占めるようになり、工場から出てくる飛行機の品質が低下していたのである。

機体の組立工場にいた本巣中学の杉山寿（岐阜市北保険所）は、工場での作業体験をつぎのように語っている。

「機体はキ61といっていました。わたしは胴体の組み立てだったので、エンジンの両側の冷却水タンク、胴体下面のラジエーター、操縦席内のスロットルレバーや座席うしろの予備弾倉の取りつけなどをやりました。また、引込脚の付け根の丸い球状の関節部のすり合わせのため、光明丹をつけては当たるところを削《けず》るというむずかしい作業もやりました」

飛燕の胴体内部品配置が正確に描けるほどに杉山の記憶は鮮明だったが、彼のように比較的変化のある作業をやれたのはめぐまれていたというべきで、朝から晩までまったく同じ単純作業をやらされた中学生たちには、耐えられない苦痛の毎日だった。

川崎岐阜工場に動員された多治見中学校生徒の一人、各務《かがみ》吉男の場合がそれだった。

『かねてからあこがれていた飛行機づくりだったが、三日もやると、みんないやになってしまった。

ジュラルミンの補助桁（飛燕には主桁のほかに、フラップや補助翼のヒンジ金具取りつけのため、主翼後縁にほぼ平行な補助桁があった）の組立作業で、一人が等間隔に電気ドリルで穴をあけ、つぎの一人がエアハンマーでリベットを打つ。反対側の一人が鉄のかたまりの当て板でそれを受ける。

ただそれだけの単純作業を、エアハンマーの騒音がこだまする工場内で一日中やらされたのには、みんなうんざりしてしまった。作業時間中ではあったが、リラックスしようと同級生とふざけあっているところをパトロール中の憲兵に見つかり、その場で三つ、四つ殴られた者もいた。もっと運の悪いのは憲兵詰所につれて行かれ、サーベルでひどく叩かれた。

あとで詰所から連絡を受けた担任教師が、「先生の指導が悪い」などと憲兵に叱られながら、なんとも情けなく悲し気な顔をして頭を下げ、泣きっ面《つら》の教え子をもらい受けてくるのであった。

いまや、毎日学校に通ってそこで勉学に専心できるということが、実はどんなに幸福であったかをいやというほど思い知らされ、ふかく悔やんだがすべてはあとの祭りだった。だれもがいや応なしに、巨大な戦争の渦の中に巻きこまれて行ったのだ』（「各務原空襲」岐阜県立各務原高校郷土史研究部編）

学徒動員は女生徒にたいしても容赦なかった。

『動員された女生徒はまだ十四〜十六歳の子供で、ひ弱な体のうえ良家の子女が多かったので、家庭でもほとんど力仕事は経験のない者ばかりでした。そういう女生徒が一般の工員さんといっしょに、朝八時から夕方五時までプレスの終末処理の仕事をするわけですが、その仕事ぶりは痛々しく、夜になるとホームシックで泣く子、燈火管制下で夜便所に行けなくて困る子、シラミにつかれて苦しむ子など、いま思い出してもかわいそうでした。

そんな中でわずかに救いだったのは、工員さんたちが生徒を大切にしてくれたことと、食事が当時としては家庭にいるよりはいくらか恵まれていたということです』（前出「各務原空襲」）

親もとを離れて川崎岐阜工場に動員された多治見高等女学校の三、四年生徒を引率し、寮生活をともにした奥田武教諭（現在、八百津高校教頭）の回想である。

男子の岐阜中学と並ぶ県下の女子名門校のひとつだった岐阜高等女学校は、工場に生徒を送ることなく、学校内で生産活動を行なう「学校工場」となっていた。

太平洋戦争勃発の翌年に入学した片桐貴美子（岐阜市、そば屋「武蔵野本店」）も、その学校工場で飛燕などの部品をつくった一人だった。

一年生のときは国内にもまだ余裕があり、勉強ができたが、戦争が三年目に入った二年生になると授業時間が削られて半分は作業、そして三年生になった昭和十九年からは全時間が作業にあてられるようになった。

クラスごと、ものによっては学年ごとに同じ作業を受け持ち、川崎から来た指導員のもとでジュラルミン板に穴をあけたり、リベット打ちをやったりした。

作業はジュラルミンの比較的小さなパネル類が多かったが、彼女たちの得意な手芸とはおよそかけ離れた硬い金属加工の仕事は、決してらくではなかった。

「それでも〝お国のため〟とがんばりました。でき上がった部品は、工場からきたトラックで引き取られて行きましたが、検査で不合格になったものもあったと聞きました」

片桐貴美子の忘れられない思い出だが、彼女はとなりで作業していた友人の持つジュラルミンの板が目に当たったのがもとで、今も右眼の視力が極端に劣っているという。

それは戦争という大波にもまれながら懸命に生きた青春の、消えることのない後遺症である。

第六章　五式戦の登場

首なし「飛燕」

すぐれた素質の片鱗を示しながらも、キ61二型改はエンジンに泣かされた。どこからともなく油が洩れ、フルカン接手の軸折れ、燃料噴射ポンプや発電機の故障などエンジン関係の故障が絶え間なくおこり、その対策のために明石エンジン工場の生産ラインは大混乱をきたし、その余波が機体の生産にもおよんだ。

早急な改善が不可能とあっては、ここまで辛抱した軍もついにハ140をあきらめなければならなくなり、やむなく軍需省からこのエンジンの生産削減命令が出された。昭和十九年八月のことで、サイパン島失陥が直接原因となって東條内閣がたおれ、グアム島の日本軍守備隊が玉砕した月でもあった。

ハ140が質的に不完全であるという判定がくだったことは、もとよりエンジン関係者たちにとってはショックだったが、それよりも打撃を受けたのは、むしろ機体工場側だった。部品からはじまって最終組立ラインにおよぶ数百機分の生産の流れを、同時に止めることは不可能だった。応急策として、海軍で使われていたアツタ20および30エンジンの転用が検討された。海軍用として愛知航空機で生産されていたこれらのエンジンは、もともとハ40およびハ140と同じく、ダイムラーベンツDB601から出発したもので、艦上爆撃機彗星に装備されていた。ところが、どちらも技術的な交流がないまま勝手に改造を加えてしまったので、そのまま取りつけることは困難だった。

それでも、ほかのエンジンにつけかえるよりはましなはずだったが、生産に追われて数に余裕がない点は海軍も同じだった。ハ40系とアツタ・エンジンの互換性については陸海軍の間で何回か会合がひらかれたが、どちらもあまり乗り気でなく、陸海軍はこのとおり協調してやっていますという、上層部にたいするたんなるゼスチャーに利用されただけだった。

「いっそ信頼性のない液冷エンジンをやめて空冷エンジンにしたら」という声は、以前からしばしば聞かれた。しかし、日本にも一種類ぐらいは液冷エンジンの系統を育てたいという軍の思惑が、それを躊躇させた。リリーフ・ピッチャーの交替時期のおくれと同じで、もう少しもう少しが、ついに傷口をふかくした感がある。それに、もともとダイムラーベンツ・エンジンの寸法に合わせて胴体幅を細くした機体に、直径の大きな空冷エンジンを、それもあとから改造で取りつける方法にはだれも自信がなかった。

しかし、ほかに妙案がなければ、やはり空冷エンジンを取りつけるほかはない。さいわい三菱で作っていたハ112二型エンジンは数に余裕があった。これは三菱の傑作エンジンである「金星」の系列で、百式司令部偵察機三型に取りつけられて信頼性に関しては折り紙つきであることがなによりだった。

二重星型、十四気筒、離昇出力一千五百馬力、公称出力一千三百五十馬力のハ112二型エンジンが川崎の岐阜工場に運びこまれ、すでにでき上がった機体に、どうやって取りつけるかの検討が開始された。それにしても、設計者たちは気が気でなかった。ハ40およびハ140が間にあわないため、エンジンのない機体がしだいに工場内にふえ、ついには工場の外にまであふれ出したからだ。その数は一型、二型合わせて八月百三十二機、九月百七十二機、十月二百四十八機とふえつづけ、十二月にはついに三百五十四機に達した。

各務原飛行場の北側に沿って、岐阜から美濃加茂市に向かう国道二十一号線のバイパス道路があるが、昭和十九年当時は開通したばかりで、未舗装で石がゴロゴロしているひどい道路だった。あまり利用価値のないこの道路が、工場からあふれた〝首なし飛燕〟の絶好の置場となった。岐阜にむけて道路上にならんだ首なし機は日ごとにふえつづけ、ついに二キロ以上にわたったとき、はじめは事情を知らないままにたのもしく思っていた工場周辺の人たちも、さすがに心配し出した。

「いったい、どういうことになるんだろう？」と、えんえんと道路上をうずめつくしてならぶ首なし飛燕を見て、人びとが首をかしげはじめたとき、設計室では対策として空冷エンジンに換装する設計作業が昼夜兼行で進められていた。

以前にも、ハ40の故障が問題となるたびに、空冷エンジンにかえては、という意見が出たが、いつも反対するのは軍需省やエンジン研究部門である第二陸軍航空技術研究所だった。

キ61 I 型胴体結構図

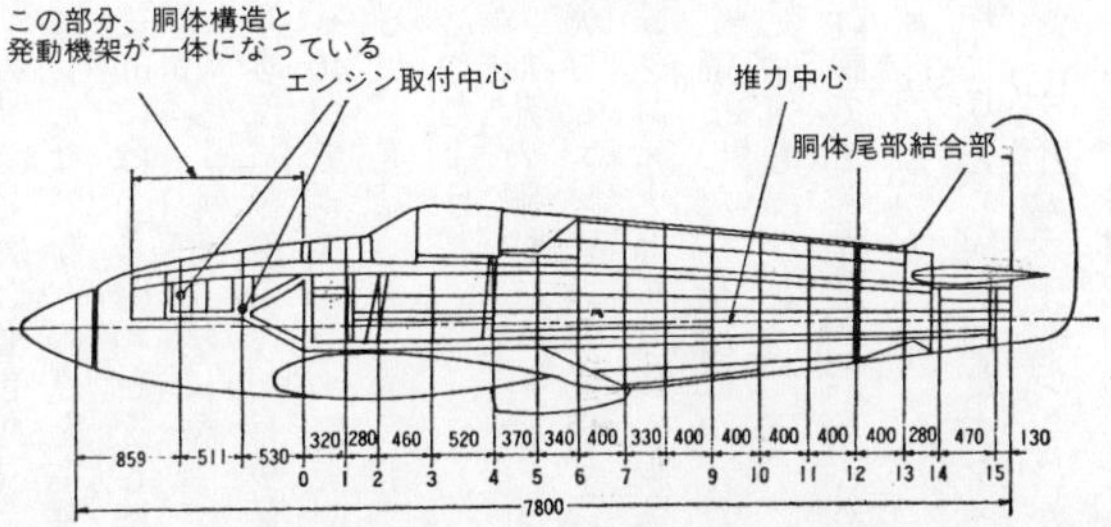

川崎の社内でも機体設計側はエンジン換装について考えないでもなかったが、液冷エンジンであるダイムラーベンツDB601に合わせて縦長のほそい断面とした飛燕の胴体に、直径の大きい円形の空冷星型エンジンを取りつける技術的困難さと、ハ40やハ140の改善に身をけずる苦労をしいられている関係者たちのことを思うと、こちらから積極的に言い出すことはできなかった。

「今から考えると、情におぼれたというものであろうか」と、土井は述懐するが、先にダイムラーベンツの技術導入に際して反対意見を述べ、社内では空冷エンジンを担当していた林貞助技師（前出、名城大学教授）は、こう語っている。

『ハ40が問題になるたびに、キ61を空冷にしては、という意見が何回か出たが、いつも立ち消えになった。空冷エンジンにすると正面面積が大きいので空気抵抗がふえ、性能が低下するというのが技術的な理由だったが、私は空冷担当として空冷エンジンのほうが整備がらくだから可動率が上がること、たとえ正面面積が大きくとも単位面積あたりの出力が大きければ性能低下は補えること、上昇力を利して高度がとれれば多少の速度差は問題にならないなどの点を主張して反論した。

最終的には、キ61の首なし機体がならんで、これはたいへんということになり、駒村少将や檜之沢少将らが工場にやってきて検討会をひらき、サンザンもんだ末に決まった』

航空本部技術部の木村昇少佐は、「いろいろ意見もあったようだが、やはり直接原因は満足なハ40ができないためにキ61の首なし機体がたくさんできてしまったことだろう」と言っているが、実際にこの首のすげかえ作業をやる機体側の設計担当者たちにとっては気の重いことだったようだ。

『細い飛燕の胴体に、直径の大きなハ112エンジンをつけた図をかいた。平面図で見ると、頭でっかちでエンジンの直後から急に細くなるので、鯰《なまず》のように不格好だった』

『エンジン・ナセル直後の胴体とのひどい段差の部分におこる空気の乱れをどう処理するかで頭を悩ました。空冷にかえたら、という意見は出ても、どうやってかえるかという技術的な意見は何も出なかった』

設計課でこの作業を担当した永津貞介大尉（川崎重工技術研究所岐阜分室長）はそう語っている。

これより先、同盟国だったイタリアでは戦闘機の空冷エンジンをさかんにドイツの液冷エンジン、ダイムラーベンツにかえていた。日本と同様、空冷エンジン全盛だったイタリアでは、レッジァーネ２０００とかマッキＣ200などの主力戦闘機は、いずれも空冷エンジンをつけていた。それを液冷にかえることは、むしろ作業としてはらくであり、外形もスマートになって性能も向上した。その逆に液冷エンジンを空冷エンジンにかえることは、技術的にも時代的にも逆行のような形だった。

わが国ではいうまでもなく、外国でもあまり先例のないこの作業を、それもきわめて短期間にやってのけなければならないというジレンマに解決の糸口をあたえてくれたのは、ドイツから輸入されたフォッケウルフＦｗ190戦闘機だった。

キ61からキ100への改造要領

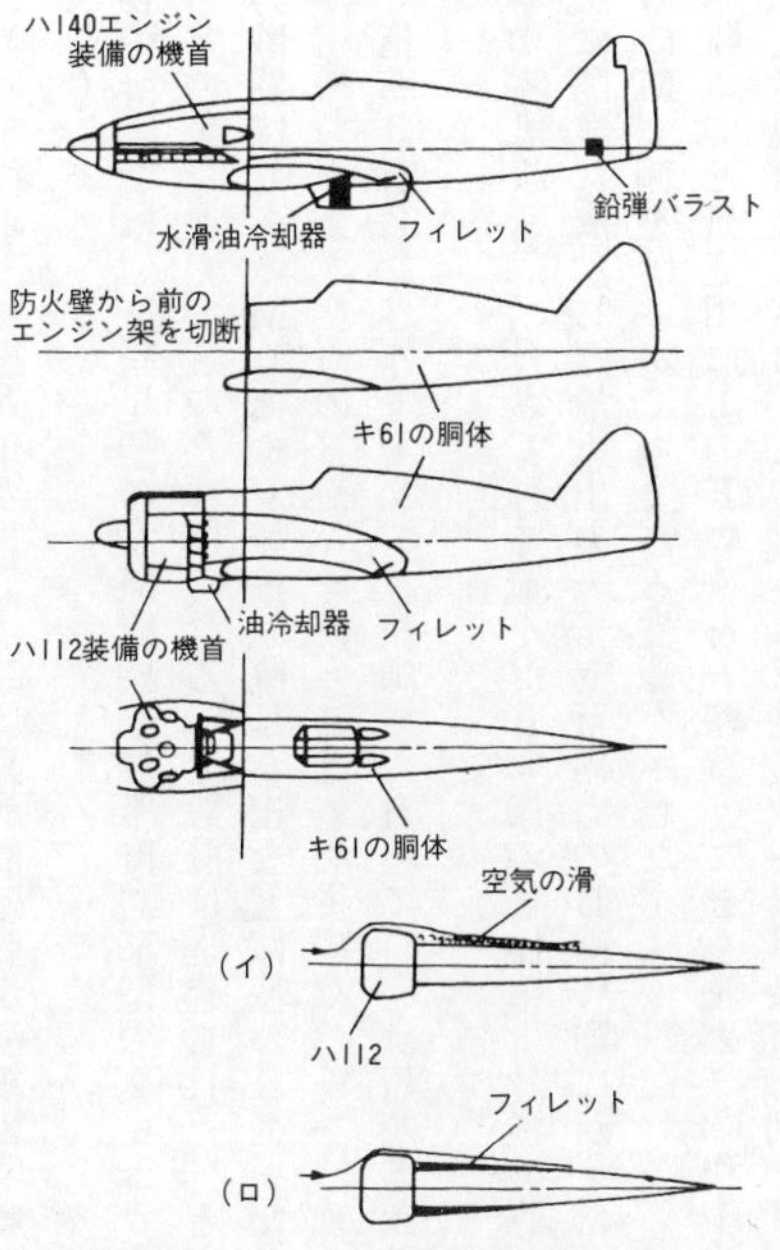

〝ドイツの零戦〟とも言えるほど、操縦性や航続距離などの点でメッサーシュミットＭｅ109にないものをもっていたフォッケウルフＦｗ190は、もともとＭｅ109の控えとして計画された戦闘機である。初飛行はＭｅ109におくれ

ること約四年後の一九三九年六月で、二ヵ月前にはわが海軍の零戦の試作一号機が初飛行している。

最初の計画では、空冷星型のＢＭＷ139と液冷倒立Ｖ型のダイムラーベンツＤＢ601の両案があり、どのエンジンでも取りつけられるよう設計は進められた。ところが、ＤＢ601エンジンは主力戦闘機であるＭｅ109や双発爆撃機Ｈｅ111などに使われていたため、Ｆｗ190にまではまわらず、やむをえず空冷のＢＭＷを使うことに決まった。

設計指導は有名なクルト・タンク技師で、日本で言えば川崎の土井武夫に相当する人物であった。

日本の零戦より二ヵ月おくれて飛んだＦｗ190の試作第一号機の評判は上々で、三号機からは新たに開発に成功した最大出力一千七百馬力のＢＭＷ801にかえたことにより、速度、操縦性ともにＭｅ109をはるかに上まわる性能を示した。

日本陸軍では研究用にこのＦｗ190を一機買うことを決め、昭和十八年にはるばるドイツから潜水艦で運ばれてきた。このときに双発の戦闘爆撃機Ｍｅ210も購入されたが、このほうは川崎で組み立てられてから陸軍で審査された。Ｍｅ210が液冷のダイムラーベンツを装備していたからだろうが、Ｆｗ190のほうは空冷エンジンつきであったために川崎ではタッチしなかった。川崎の技術者たちがＦｗ190に気づいたのは、キ61のエンジン換装が切実な問題となってからだった。

キ61の空冷エンジン型としてキ100の機体番号をもらった改造戦闘機の設計にあたって、川崎の技師たちはあらためて空冷エンジンつき単座戦闘機について研究をはじめた。しかし、国産戦闘機は、もともと空冷エンジンを前提に設計されたものだけに、あまり参考にならなかった。このとき、大和田技師の頭に浮かんだのがFw190のことだった。

「Fw190は比較的ほそい胴体に大きい空冷エンジンをつけていたはずだ。これから何かうまいヒントが得られるかもしれない」

さいわいFw190が明野にきていたので、十一月三日、大和田技師とキ100担当になった小口技師、永津技師らは見に行き、直径の大きなエンジン部とほそい胴体のつなぎ目にできる段差が、巧妙に処理されていることを知った。

このころからキ100担当者全員が設計室に泊まりこみ、超特急の設計作業がはじまった。サイパンからのB29の来襲がはじまったし、道路上にはみ出した首なし機体はふえる一方なので、まともな設計スケジュールなど許されるわけがなかった。しかし、以前に鯰《なまず》のような図をかいた永津技師は、三角形にちかい胴体断面のFw190を見て、矩形断面のキ61でもやれるという確信を得たことで気分は明るかった。

飛燕の胴体幅は、わずか八百四十ミリしかない。これに直径千二百十八ミリの空冷星型エンジンをつけるとなると、その寸法差はもっとも大きいところで三百七十八ミリとなる。エンジンの覆いとエンジンの外径部分との間には、いくらかの隙間が必要だから、この寸法はさらにふえて四百二十ミリほどになる。これを左右にふり分けると、うしろから見た場合、胴体の両側に二百十ミリの高さの半月形部分ができる。

あたらしい設計ならば、エンジン・ナセル直後から胴体後部にかけてなだらかな線でつなぐようにするのだが、すでにでき上がっている胴体にたいしては大改造となってしまう。なによりも改造は最小限にとどめ、首なし機体を一刻もはやく解消することが急務だった。

こんなときにフォッケウルフＦｗ190があったことは、大きな救いだった。川崎の設計陣はついていたといえるかもしれない。鯰の鰓《えら》に相当する部分をととのえる作業は、まず製図板上で開始された。永津技師はＦｗ190にならい、排気管をスラスト効果のある単排気管にあらため、半月形部分の円筒に沿って突き出すようにした。それでもなお排気管の内側にかなりの半月部分がのこるので、ここは胴体本体には手を加えることなく、ふくらませたなだらかな覆いを取りつけることによって解決した。

川崎のつきはまだつづいた。ハ112二型エンジンは、エンジン・ベッドの四ヵ所の取りつけ部が、何の変更も加えずにキ61二型改の胴体の四隅の縦通材と合致したことである。これらのことからすると、ハ40取りつけのためのエンジン・ベッドをかねた防火壁から前の胴体部分を切断するだけで、ほとんど改造の手を加えることなくエンジン乗せかえができることになる。

さらにもう一つのつきがあった。空冷エンジンと液冷エンジンではかなりの重心位置の移動が考えられ、冷却器も不要とあれば、重心移動にたいする胴体内の重量物の配置がえや、主翼の位置も場合によっては移動させなければならない。普通の飛行機だったら大手術を要する主翼の移動も、主翼上のレールに胴体が取りつけられている構造の飛燕では、どうということはなかった。飛燕一型から二型に改造する際にやったように、主翼のレール上で胴体を前後にずらせることによって、簡単に重心を合わせることができた。

キ100の設計命令が軍需省から出されたのが昭和十九年十月一日、設計者全員の泊まりこみがはじまったのが十一月はじめだった。そして十二月末には設計をおわり、試作工場に図面を流すという異例のスピードぶりも、こうしたいくつかの幸運ともいえる好条件がかさなったことと、戦時という異常事態が設計者の一人一人に平時では考えられない力を発揮させたからであった。

戦時ゆえのこうした開発例は日本だけではなく、海のむこうのアメリカにも見られた。零戦を太平洋の主役の座から引きずりおろしたグラマンF6Fヘルキャットの場合がそれで、設計から試作機の初飛行までが一年、それから一年後には航空母艦に積まれて太平洋戦線に姿をあらわすという早業は、平時の約二倍の超スピードだった。空の戦いは同時に、設計室同士の戦いでもあったのだ。

奇蹟ともいえる数かずの幸運にめぐまれ、キ61二型改の一機を改造したキ100試作一号機は設計開始後わずか三ヵ月で完成し、昭和二十年二月一日に初飛行した。

「ふたたび天佑《てんゆう》が到来した」

キ100のテストが進むにつれ、川崎の人たちだけでなく、軍の関係者たちの間からもそういう声が聞かれた。キ61の試作一号機が予想外の高性能を発揮したように、キ100もまた当初の見こみを上まわるいい飛行機であることがわかったからだ。

エンジンの出力はキ61二型改とあまりかわらなかったが、正面面積の大きい空冷エンジンだけに空気抵抗がふえた分だけ速度の低下が見こまれた。だが実際は六千メートルで時速五百八十キロ、キ61二型改にくらべて三十キロの低下にとどまった。しかも高空性能のよい司令部偵察機用のエンジンであるため上昇力もすばらしく、一万メートルまでの上昇時間はキ61にくらべ大幅に向上した。

思いもかけない好結果だったが、技術的にはこれを裏づけるいくつかの原因があった。その一つは液冷エンジンの泣きどころである冷却器がなくなったことだった。さらにエンジン自体もハ40にくらべて約八十キロ、ハ140にくらべて百六十キロも軽く、全体としてはキ61二型改より約三百三十キロの重量軽減となった。この結果、百九十二(キログラム/平方メートル)にもたっした翼面荷重を百八十以下に下げることができ、エンジンが重心に近づいたこととあいまって空戦性能は飛燕の試作機時代をしのぐものになった。

性能面だけについていえば、総合的には、キ61二型改と甲乙つけがたいということになるが、エンジンに故障の心配がなく、燃料とオイルさえ補給してやればいつでも飛べるという整備性のよさにいたっては、飛燕をはるかに上まわった。

キ100の成功にとびついた軍は、すぐに「五式戦闘機一型」として採用を決定し、生産の切りかえとともに〝首なし飛燕〟の至急改造を命じた。いったん工場に運びこまれた〝首なし飛燕〟は、大手術を加えられ、生まれかわって工場を出ていった。昭和二十年一月にはピークにたっした〝首なし飛燕〟のストックもこの月を境に減りはじめ、以後五十機をこえることはなかった。

キ100の好成績に明るさをとりもどしたかに見えた川崎岐阜工場に、悲しい事故が発生したのは、それから間もない二月十九日のことだった。

川崎のテストパイロット片岡載三郎操縦士は、だれよりも熱心な液冷エンジン賛成者で、飛燕の生産削減とキ100への改造命令がだされたあとも、二型改の改良をねばり強くつづけていた。

昭和十九年十二月に三菱の大江工場、明けて二十年一月には大曽根工場とあいついで爆撃され、つぎは川崎岐阜工場がやられる可能性が多くなったので、テスト中の二型改にも武装をして敵がきたら迎撃に上がることになった。片岡操縦士がこの二型改で一万メートルに上がりB29一機を撃破したことは先に述べたが、彼はこのことから飛燕にいっそうの情熱を抱いたようだ。

キ100の機首付近改造要領

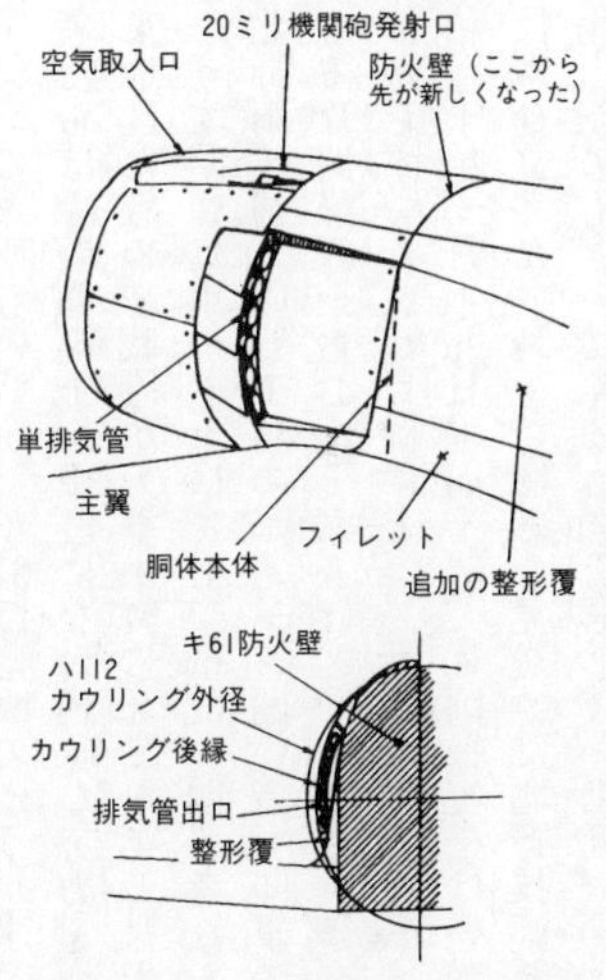

岐阜工場では数量は減らされたものの飛燕の生産はつづけられていたし、明石工場の努力によってハ140の改善にもようやくめどがつきかけていた。空

冷エンジンのキ100もいいが、キ61二型改のほうがずっと高性能の戦闘機になるはずだとして関係者たちは片岡操縦士を中心になお地味な努力をつづけていた。

関東地区に敵の艦載機が大挙来襲した二十年二月十七日の翌日夜、各務原飛行場ちかくの農家のうす暗い灯火のもとにキ61二型改の関係者たちがあつまって打ち合わせをした。大和田、北野両技師、明石工場のエンジン関係者、陸軍のハ140担当者である梶原少佐、テストを担当する片岡操縦士らおよそ六人ほどで、ひざ突き合わせての今後の対策などの協議だったが、はからずもこれが片岡にとって最後の夜となってしまった。

昭和二十年二月十九日午前十時、片岡操縦士はいつものように飛燕二型改に乗って空中テストに飛び立った。地上で機影を見送った北野技師たちは、飛行機は高度をとっていったん飛行場上空にもどってくるものと思っていたが、いっこうに姿をあらわさないので不安になった。

「片岡さんのことだ。まちがいはないさ」と、だれもが思ったし、片岡自身つねづね、「自分は空中分解以外は絶対に大丈夫」と語っていたので、最悪の事態は想像できなかった。ところが一時間たっても飛行場上空に姿を見せないので不安が増し、人びとが何かあったのではないかと思いはじめたときに、農家の人が血相をかえてやってきた。

「たいへんだ。飛行場東南の木曽川の河原に飛行機が落ちた！」との知らせに、愕然とした一行が自動車で現場にかけつけてみると、四散した機体が目に入った。飛行機は頭から河原に突っこみ、機体の破損状況から衝撃のはげしさが想像された。片岡操縦士は、操縦席の中

「飛燕」の機首に「金星」ハ112・エンジンを搭載させた五式戦闘機キ100。予想外の高い性能をしめし、改造生産が急がれた。

で計器板に顔を埋めるようにして死んでいた。それは、片岡が最後まで落下傘降下を考えていなかったことを物語っていた。

遺体が操縦席前面に食いこんでいたため、収容には手間どった。計器板にこびりついた小さな肉片を看護婦がピンセットでていねいに集めた。同行した医師の検視結果によると、片岡操縦士は地上に激突する以前に、すでに機上で死亡していたらしいとのことだった。さらに機体を点検してみると、操縦席の床下にある燃料タンクが爆発していることがわかった。

これらのことから原因は、飛行中に突然火災を起こし、片岡はテストパイロットとしての責任感から原因調査のため、燃える飛行機を操縦して飛行場にもどる途中、燃料タンクが爆発し、その爆風によって機上で殉職したものと判断された。

畑にいて事故を目撃した人の話によると、ドカンと爆発音が聞こえたので空を見上げると、飛行機が突っこんで行くのが見えたというから、この推察はほぼまちがいなかった。液冷エンジンの優秀性を信じ、飛燕を心から愛していた片岡操縦士の壮絶な最期だった。

この事故とほぼ同じ時刻に、川崎の明石工場は百数十機のB29による爆撃をうけ、機体工場の約三十パーセントを破壊、従業員ら二百五十人が死亡という大被害を受けた。

昭和十五年末に陸軍をやめて川崎に入社した片岡は、飄々《ひょうひょう》とした感じでありながら、実は細心で注意ぶかく、しかも熱心な点ではだれにもひけをとらない、テストパイロットとしてうってつけの人だった。入社後はじめて手がけたのがキ60で、それ以来キ61の各型をはじめキ64、キ96、キ102と川崎のほとんどの戦闘機のテストに関係して、設計者たちからも絶大な信頼をえていた。しかも古参の准尉として軍での生活もながかったことから、会社と軍とのコミュニケーションを円滑にする上にも重要な役割を果たし、川崎の試作機の審査促進もこの人に負うところが大きかった。

飛燕は最大の味方を失ってしまったのである。

決意を秘めた若武者

ここで、ふたたび目を第一線に転じてみよう。ニューギニアのホーランディアが敵手に落ち、ソロモン方面ではラバウルから航空部隊がひきあげて、いわゆる南東方面の日本軍防衛線が後退し、中部太平洋方面もサイパン、グアム、テニアンなどをあいついで失った昭和十九年七月末の時点で、大本営はあたらしい防衛計画を策定し、「捷号」の名を冠した四つの作戦を準備発令した。

捷一号＝フィリピン方面　　捷二号＝南西諸島（沖縄）および台湾方面

捷三号＝本土（北海道を除く）　捷四号＝千島及び北海道方面

いつ、敵がどの方面にやってくるかをさぐるため、日本陸海軍は敵の動き、とくにいつの場合にも大規模な作戦の前ぶれとなる敵機動部隊の動向に最大の注意をはらっていた。九月十六日、しばらく鳴りをひそめていたその機動部隊が、南洋パラオ諸島のモロタイ、ペリリュー島上陸支援に姿をあらわし、いよいよ準備なって本格的なつぎの作戦行動に移ったことをあきらかにした。米軍はひきつづきアンガウル島にも上陸したが、一連の動きからつぎの目標はフィリピンであると判断された。そこで大本営は九月二十一日、ついに「捷一号」、つまりフィリピン方面作戦準備を発令した。

十月に入ると危機感はさらにたかまり、海軍航空部隊の洋上索敵もいちだんと厳重になったが、十月九日午前八時四十五分、海軍の索敵機が十七隻の空母を基幹とする大機動部隊の発見を報じたのち無線連絡を断った。

明けて十月十日、早朝から敵機動部隊の艦載機のべ四百機が、沖縄、奄美大島、沖之江良部島などのわが基地を襲った。しかし、台湾防衛の主力である第八飛行師団は、ほとんど全力が台湾にあって動かず、九州各基地に展開していた陸海軍航空部隊の救援も手がとどかなかった。いきおい沖縄に派遣されていた唯一の基地防衛戦闘機隊である第八飛行師団の独立第二十三中隊は、孤立無縁の中で比較にならない大敵を一手にひきうける羽目になった。

中隊長は木村信大尉で、飛行機は新鋭三式戦飛燕十五機、一式戦隼二機、パイロットは十五名（うち数名は伎倆未熟者）、基地は北飛行場だった。

「敵の大機動部隊、沖縄に侵攻中」の情報に接した木村中隊長は、中隊付先任将校の馬場園房吉大尉に敵機動部隊の強行索敵の目的をもって、隼で払暁に出動を命じた。馬場園大尉は決死の覚悟で単機、北飛行場を離陸、暗夜の夜空に爆音を残して洋上遠く飛び去った。

東の空が明るくなってきたが、馬場園大尉からは何の報告もない。ピストの椅子にかけ、腕を組んだまま鋭い目つきで南の空を見守っていた木村中隊長は、

「空中勤務者、全員集合」と大声で命じた。

馬場園大尉からの連絡がないまま、沖縄基地防衛の重責を負う木村中隊長は、生還を期さない全滅を覚悟の出撃を決めた。

「敵は米海軍部隊随一をほこる精鋭第38機動部隊である。しかも十倍、二十倍の大敵を相手に戦うのだ。木村中隊はたとえ寡兵であっても、陸軍戦闘機隊の責任と名誉のために戦う。死力をつくして敵機を撃滅せよ」

平静な表情で九名の部下に出動の訓示をあたえた木村大尉は、このあと台湾にいる第八飛行師団長山本健児中将あてに決意のほどを打電した。

「木村中隊は全力出動し、来襲中の敵機を邀撃《ようげき》、これを撃滅せんとす」

簡潔ではあるが、無量の思いをこめた訣別の挨拶だった。

木村中隊長にひきいられた新鋭飛燕十機は、力づよい爆音を飛行場いっぱいにひびかせて

離陸して行った。みごとな戦闘隊形を組み、高度三千五百メートルで沖縄上空の哨戒飛行を開始した。

このとき第一次攻撃隊グラマン二百四十機が、数個の編隊に分かれて殺到してきた。勝敗はおのずから明らかだったが、木村中隊長以下の奮戦はめざましく、グラマン十数機を撃墜破した。だがこの大敵が相手ではここまでが限界で、中隊長以下六機がつぎつぎに火を吐いて沖縄の空に散り、四機が敵弾を受けて不時着大破した。わずか一回の迎撃戦闘で中隊は全滅の悲運に見舞われたのである。

この戦闘で戦死した独立飛行第二十三中隊の隊員のうち、氏名のわかっているのは、木村信大尉（陸士五十三期、福島県）、里竹次郎曹長（新潟県）、三木武吉伍長（愛媛県）、大橋重明伍長（福井県）、高橋新太郎伍長（千葉県）の五名（階級は戦死当時）で、このほか下士官一名が戦死、不時着した四名のうち二名は重傷、二名は軽傷で生還した。

こうして沖縄防衛の唯一の戦闘機隊、独立飛行第二十三中隊は事実上全滅したが、数百機の敵にたいして飛燕を主とした、わずか十数機で立ち向かうことの無謀さは、はじめからわかっていたことだ。しかし、それを承知であえて出撃を許した第八飛行師団司令部には、それなりの理由があった。

捷号作戦準備発令以来、沖縄地区にも大規模な飛行場群の建設が開始され、これには牛島満中将（のち沖縄戦で戦死）を司令官とする沖縄防衛の第三十二軍が献身的な協力をしてくれた。独立飛行第二十三中隊は兵理上からすれば台湾にひきあげさせるか、もしくは迎撃を禁じてみすみす全滅の運命となるのを防ぐべきだった。しかし、たとえわずかな数の飛行機しか持たない戦闘機隊であっても、敵に一矢も報いないとあっては、基地建設に協力してくれた地上部隊に申しわけが立たないし、航空部隊不信にでもなったら今後の協力にさしつかえることを第八飛行師団司令部はおそれた。そこで何ら特別の指示を出さなかったため、独立飛行第二十三中隊は任務上、自動的に迎撃に上がることになったのだ。

この意味では、木村中隊は「死ね」という命令こそ受けなかったが、死を覚悟の出撃であり、全員特攻にひとしかったというべきだろう。

ほとんど無抵抗にひとしい沖縄および南西諸島を荒らしまわった敵機動部隊は、二日後にこんどは台湾を襲った。この日の集成防空第一隊田形竹尾准尉および真戸原忠志軍曹の壮絶な奮戦は冒頭にのべたが、翌十月十三日、戦闘二日目の午前九時ごろ、田形准尉に嘉義の憲兵隊から、「昨日の戦闘で、田形准尉が撃墜した敵の死体を収容した。午後火葬にするが、都合がつけばこられたい」という電話連絡が入った。田形はすぐに中隊長東郷大尉の許可をもらい、台中と嘉義の中ほどにある台湾人ばかりの小さな集落の現場に車を急がせた。

田形は昭和十二年七月、二十一歳のときから北支、中支、仏印(現在のベトナム)、タイ、ビルマ、マレー、台湾の空を飛びまわり、数おおくの航空作戦に参加してきた。しかし、これまで自分が殺した敵の顔を見たことは一度もなかった。何か落ちつかない気持だったが、いつしか車中で眠ってしまった。

故郷に帰った夢を見ていた田形は、運転手に起こされて車を降りた。そこは現場の村で、出迎えてくれた憲兵と警察官の案内で、死体が安置されている部屋の入り口に立った。部屋の中から憲兵隊がそなえた線香のにおいが伝わってきた。田形は一瞬ためらった。深く考えもせずにやってきたことを後悔したが、いまさらどうにもならない。

正面の祭壇には憲兵隊の手によって質素ながら三段の棚がしつらえてあり、果物や日本酒などがそなえられ、線香とローソクがあがっていた。勇敢に戦って散った若い敵のパイロットへの、武士道によるはなむけであった。祭壇の前に進んだ田形は、焼香をし、敵兵の冥福を祈ってふかく頭をたれた。遺体は祭壇の下に安置されていた。田形はしずかに目をとじて、はげしかった前日の戦闘を思い浮かべ、それが二番目に撃墜した敵機のパイロットだと推察した。そして、わずかな差で自分がこのような死体となっていたかもしれないと思い、複雑な感情にかられた。

「殺さなければ殺される」

これが冷厳な戦争の掟《おきて》であることを、あらためて思い知らされた田形は暗然とした。

「勇敢な敵空軍の戦死者です。丁重に葬ってください」と憲兵にたのみ、果物でもそなえてやってほしいと十円を香典としてわたした。

「遺品を見ませんか」と、憲兵中尉がとなりの部屋に案内してくれた。そこでおどろかされたのは日本全土の詳細な地図であった。そこには攻撃目標の軍需工場、軍事施設をはじめ、鉄道、鉄橋まで目印がしてあり、敵に徹底した日本本土攻撃の意図があることを明らかにしていた。

最後に、田形は最近撮ったと思われる葉書大の一枚の写真を手にとって見た。四人写っている中で向かって左に本人が生後一年ぐらいのかわいい子供を抱き、その横に奥さんであろう二十二、三歳の美しい女性、うしろ中央に五十歳ぐらいと思われる上品な婦人が立っていた。おそらく、戦死した敵パイロットの母であろうか。田形は、くるときは想像もしなかった複雑な気持で車に乗った。

台湾を大挙襲った敵第38機動部隊は、二日後の十月十五日には本命のフィリピン上空に艦載機を放って日本軍の航空基地と軍事施設を攻撃、そして十月十八日、レイテ島に上陸を開始した。

「捷一号作戦発動！」フィリピン全土の基地から、わが陸海軍航空部隊はレイテの敵上陸地点に殺到したが、ここでクラーク飛行場群の一つ、アンヘレス飛行場に展開していた飛燕の飛行第十九戦隊にスポットをあててみよう。

ここには昭和十八年三月に陸軍航空士官学校を卒業した若い中尉の中隊長が二人いた。高原忠敏中尉（現在、航空自衛隊航空実験団司令、空将補）と遠藤正博中尉（戦死、徳島県）は、航空士官学校五十六期のいわゆる同期の桜だったが、戦争が日本軍に不利になってから前線に投入された彼ら若武者たちの戦いは惨憺《さんたん》たるものだった。

昭和十九年四月、高原中尉は明野の乙種学生教程をおえると、すぐ第六十八戦隊に配属された。連合軍航空部隊とまともに渡り合っているニューギニア最前線の部隊であるだけに、高原中尉は飛燕をかって張りきって任地に向かったが、フィリピンのマニラに着いたところで連合軍のホーランディア上陸を聞かされた。結局ハルマヘラ島まで行き、ここで防空戦闘に従事したが、たちまち戦力を消耗した隊は、ほかの四個戦隊とともに解隊、七月下旬、残ったパイロットは内地に復員した。

元気でひきつづき現地にのこった高原は、八月一日付で中尉に進級した。このころは戦いの主導権がまったく敵の手中にあり、連日にわたり敵は百機、二百機でやってきた。中尉になったばかりの高原は、この大敵にたいして、たった三機で迎撃に上がった。「見敵必墜」の意気はさかんだったが、離陸して高度を充分にとれないうちにP38の八機編隊に上からかぶられ、たちまち三機とも撃墜されてしまった。

背後についていた十三ミリの防弾鋼板で体には当たらなかったが、足をかすめた敵弾で負傷、落下傘降下で生命を取りとめた高原中尉は、マニラに後送されて入院した。だが九月二十一日からはじまった敵機動部隊艦載機の空襲にじっとしておれず、病院をぬけ出して、足をひきながら第二飛行師団司令部に出頭した。

「オッ、まだこんなのがいたか」と、あいつぐ将校パイロットの戦死で中隊長クラスの人材に悩んでいた司令部では、パリパリの士官学校出の高原中尉の出現にびっくりしたりよろこんだりで、さっそく第十九戦隊の第一中隊長に任命した。

十月十五日からはじまった敵機動部隊の大空襲は、士官学校を出て半年そこそこの新任中隊長にとって、たいへんな戦いだった。出動できる飛行機はわずか、五機とか十機といった程度だったが、それでも隼の第二百四戦隊や同じ第二十二飛行団で飛燕装備の第十七戦隊とともに連日出動した。だが多勢に無勢の力学は、どうあがいてもくつがえすことはできず、十月末には可動機ゼロになってしまった。しかも、十七戦隊長の荒蒔少佐はマラリアでたおれ、十九戦隊長長瀬戸六朗少佐をはじめ中隊長クラスに戦死者が続出したので、十一月一日付の命令で第二十二飛行団は戦力回復のため内地に帰った。

小牧基地にもどった第十九戦隊は、ここで飛行機とパイロットをそろえたが、部隊としての充分な訓練を行なう余裕もなく、十二月三十一日には、はやくもフィリピンに向け再度出発した。

再建された第十九戦隊は総数およそ三十機であった。信任戦隊長吉田昌明大尉以下の主力が先発し、第一中隊長の高原中尉は、故障や何かで出発できない十機あまりをあとからつれて行くため残された。しかし、なかなか準備がそろわず、待ち切れなくなった高原は、年が明けた一月はじめ、四機をひきいて主力のあとを追った。

一方、新田原、沖縄経由で台湾の台中まで行った戦隊主力は、ここで一月三日、四日の敵機動部隊の空襲にさまたげられ、ようやく五日になってフィリピンにむけ出発した。ところが戦隊長機が故障したので、洋上航法に不慣れな多くの飛行機は台湾に引きかえしてしまった。

「これまでの戦闘で、戦隊長以下おおくの戦友を失った。こんどこそ俺も絶対に生きては帰らん」と、高原と同期の遠藤正博中尉は、出発前に決意のほどを僚友にもらしていたが、遠藤中尉の指揮する第二中隊は、そのままフィリピンに向かい、クラーク飛行場群のアンヘレスに着いた。

それから三日後の一月八日、米軍はルソン島のリンガエン湾に大規模な上陸を開始した。在ルソンの陸軍戦闘機隊は、ぞくぞく特攻隊となって湾内の敵艦船に突入したが、わずか一個中隊の第十九戦隊にも特攻編成が命令された。遠藤中尉は特攻隊員三名をえらび、みずからその直掩《ちょくえん》隊となり二機をつれて発進した。十月に戦死した前戦隊長瀬戸六朗少佐の分骨をいだき、翼下につるした爆弾の安全装置をはずした死を覚悟の出撃で、遠藤中尉ら三機の直掩隊もついに帰ってこなかった。

遠藤中尉がフィリピン進出前に台湾で敵機動部隊艦載機の空襲をうけていたころ、彼の同期生の一人が内地の防空戦闘で戦死した。

『昭和十九年十一月、飛行第十九戦隊は、激闘つづくフィリピンより戦力回復のため愛知県小牧飛行場に到着した。フィリピン航空戦の最初から戦いつづけてきた十九戦隊は、戦隊長以下多数のパイロットを失い、生き残りは十名にみたなかった。小牧で新着任パイロットの練成、飛燕の受領整備と多忙の日をおくる間に、名古屋要地防空の任務をあたえられた。

当時、小牧をホーム・ベースとする飛行第五十五戦隊の主力は、フィリピンにかけつけ、その一部はひきつづき小牧で防空の任についていた。だがこの戦隊の飛燕にはパイロットを防護する防弾鋼板がついていなかった。なかったのではなく、高々度迎撃に上がるために重量をへらすべく取りはずしていたのだ。

この年の大晦日《おおみそか》、飛行第十九戦隊はふたたび戦況苛烈《かれつ》を加えるフィリピンの空をめざし、小牧を出発したが、四日後の昭和二十年一月三日、サイパン基地を発進したB29の大編隊は名古屋に来襲した。

飛行第五十五戦隊陸軍中尉代田実は、名古屋上空にこの敵を迎撃、壮烈な体当たりを敢行した。彼の突進は、飛行場にいた多数の人びとが目撃した。彼は機体の外にほうり出されたが、落下傘は衝撃によってひとりでに開き、すでにこと切れた彼を静かに地上にはこんだ』

（航空自衛隊小牧基地新聞「小牧山」より）

高原忠敏中尉の回想による士官学校同期生代田中尉の最期だが、この日の名古屋空襲について、アメリカ側の記録はこう伝えている。

「一九四五年一月三日、名古屋にたいする実験的な焼夷弾攻撃を加えるため、九十七機のB29がマリアナ基地を飛び立った。うち五十七機が名古屋の港湾地帯や住宅密集地域の上空に達し、雲のすき間から目視によって爆弾を投下した。爆弾は約七十五ヵ所に火災を起こし、推定一万二千九百平方メートルの目標を破壊したが、予期したほどの成果はえられなかった。この空襲で五機を失ったが、うち一機は戦闘機によるもので、三機は原因不明、一機は海中に墜落した」

五式戦出動！

飛燕の機体に最大出力一千五百馬力のハ112空冷エンジンをつけたキ100は、昭和二十年二月一日、成功裡に初飛行をおえた。

まだ中、大尉の青年将校時代、「海の源田か、陸の檮原《ゆずはら》か」ともてはやされ、海軍の源田実大尉（のち大佐、参議院議員）とともに陸軍戦闘機界の代表的将校パイロットだった檮原秀見中佐は、実戦部隊側でこのキ100の推進にもっとも熱心な一人だった。檮原は海軍の源田とはよくうまが合い、個人的友情が陸海軍という垣をこえた研究会に発展し、しばしば陸海軍戦闘機の対抗試合が行なわれた話はあまりにも有名である。

あるとき、伊勢湾に入った連合艦隊の母艦から飛びたった源田の指揮する艦上戦闘機隊と檮原のひきいる明野戦闘機隊との間で攻防演習が行なわれたことがあった。陸海軍が合同で演習するなどめったにない時代だったが、戦闘機に情熱をもやしていた源田や檮原には、そんなことは問題でなかったし、それをやれるだけの実行力があったのであろう。また、当時は戦闘機に関しては陸軍のほうが先輩で、海軍に教えてやろう、というおおらかな気分もあったようだ。

余談になったが、そうした経験は、檮原に陸軍機にはない海軍機のよさを充分に認識させていたから、彼は海軍の零戦のすぐれた点と同時に補うべき欠点をもよく知っていた。その欠点とは、昭和十九年後半からめだつようになった連合軍戦闘機との速度差と、急降下制限速度を六百七十キロにおさえなければならない機体構造の弱さだった。

陸軍の三式戦闘機飛燕は、そのどちらも解決して、連合軍側の戦闘機と互角に戦える性能をもっていた。フィリピンのレイテ航空戦で新鋭四式戦闘機疾風をひきいて戦った檮原は、この戦闘機のエンジン不調で存分に戦えないくやしさを味わっていた。だから優秀な性能をもつ機体でありながらエンジンのために不遇をかこつ飛燕に、信頼性のあるエンジンを取りつける計画に熱心なのは当然だった。キ100の試験飛行は、審査部の坂井菴大尉の役目だったが、檮原はみずからも乗って性能をためした。その結果、最大速度、上昇力ともに零戦を上まわるばかりか格闘性能でも劣らず、しかも急降下性能は速度計の目盛りをふりきってなお機体はビクともしなかった。

最大速度こそ飛燕二型にやや劣ったが、操縦性は一段と向上した理想的な単座戦闘機ができ上がったわけである。「もしレイテ戦に、このキ100があったら」というのは、檮原のかえらぬ繰り言だったが、おそまきながら五式戦闘機に採用が決定するとともに急速生産が指示された。そして三月には三十六機、四月には八十九機、そして五月には、はやくもこの戦闘機の生産のピークである百三十六機（都城工場の五機をふくむ）に達した。

五式戦闘機の高性能に目をつけた軍は、決定版がないままに悩みの種だったB29迎撃用として改造することを命じた。いろいろな機種を並行して進めている川崎の設計陣は、またしても手品のようなはや業《わざ》でこの改造をやってのけた。

高々度用の排気ガスタービン過給器つきエンジン「ハ112二型ル」は、双発戦闘機キ102に使われていたものをキ100の機体に合うよう改造した。排気タービン過給器が胴体下面に取りつけられ、推力式単排気管をやめて集合排気管とし、胴体下面にみちびいて過給器をまわすようにした。この結果、胴体両側面に出ていた排気管の部分はきれいに整形された。

二十年二月設計開始、四月設計完了、そして五月には第一号機の試験飛行という手まわしのよさであった。排気ガスタービンつきとはいえ重量はキ100一型より百五十キロふえただけの三千六百四十五キロ、当時試作中の中島キ87や立川飛行機のキ94がいずれも全備重量が六トン以上だったのにくらべ、おどろくほど軽い排気ガスタービンつき戦闘機となった。

日本はおろか世界中を見わたしても、これほど軽い排気ガスタービンつき戦闘機はなかった。飛行機にとって軽いことはいいことだ。とくに空気の薄い高空ではなおのことで、一万メートルでの最大速度は五百六十五キロ、一万メートルまでの上昇時間は十八分というすばらしい性能を示した。

キ100二型に装備したハ112二型は海軍名「金星」系列のエンジンと同じものだが、キ100二型が飛ぶ一ヵ月後に、金星六二型エンジンをつけた海軍の零戦五四型丙が飛んだ。しかし、設計がキ100二型のベースとなった飛燕より三年ちかくもふるい零戦の改造はすでに限界であった。同じ公称出力一千三百五十馬力のハ112二型エンジンつきでありながらキ100二型のほうは、総重量で零戦五四型丙より約三百五十キロも重かったが、最大速度は十キロ以上も速く、上昇限度も一万三千メートルで二千メートル以上の差をつけた。しかも急降下制限速度にいたっては、零戦の六百七十キロにたいして八百五十キロと格段のちがいであった。

これは飛行機の空気力学的な設計効率でキ100がすぐれていることを示すものだが、陸軍の試作にたいする干渉が海軍ほどうるさくなかったことにも一因があるのかもしれない。

陸軍が一式戦隼につづいて二式戦鍾馗、三式戦飛燕、四式戦疾風、五式戦と、ともかく毎年あたらしい戦闘機を制式化しているのにたいし、海軍は零式戦闘機（陸軍の年式では百式に相当し、一式戦隼より一年早い）以後、ほとんど後継戦闘機が出ていない。

零戦より二年あとの局地戦闘機雷電も制式化から量産化までにひどくもたつき、ようやく活躍を見せたのは昭和二十年に入ってからだったし、次期艦上戦闘機の「烈風」にいたっては終戦までにようやく試作機が八機完成したに過ぎなかった。この間隙をぬって川西航空機の「紫電」および「紫電改」が登場したが、堀越二郎、曽根嘉年、高橋己治郎といった優秀な戦闘機設計スタッフをもった三菱にもっと自由に仕事をさせたら、こんなことは起こらなかったのではなかろうか。この点、おなじ戦闘機設計者として陸軍機を専門にやった川崎の土井武夫は、めぐまれていたといえよう。

川崎岐阜工場から量産機が出はじめた昭和二十年三月中旬ごろから、キ100五式戦闘機の部隊への引きわたしがはじまった。この月の二十六日には連合軍が沖縄の慶良間列島とフィリピンのセブ島に上陸、さらに四月一日には沖縄本島に上陸と、敵の攻撃のピッチがいちだんと早まっていたときである。

なにぶんにも生産がはじまったばかりであり、従来の飛燕の生産ラインが流用できるといっても一挙に数をそろえることは不可能だったが、川崎もがんばった。この結果、飛行第五戦隊、十七、十八、五十九、二百四十四戦隊などがつぎつぎに五式戦に機種をかえていった。が、なんといってもいちばん早かったのは〝戦闘機のメッカ〟明野陸軍飛行学校だった。

三重県明野（現在の陸上自衛隊航空学校）の広大な敷地にあるこの飛行学校は、もともと戦闘機の戦技教育やその研究を行なう学校だったが、本土の戦場化が予想されるようになったので、十九年六月に教導飛行師団として教育と並行して防空任務にもつくことになった。

この明野教導飛行師団に異色のパイロットがいた。十八年十一月末、ビルマでＰ51に片脚をやられて一年の療養ののち義足で大空に復帰したばかりの檜《ひき》與平大尉で、彼は士官学校五十三期、太平洋戦争のはじめから有名な加藤建夫中佐の飛行第六十四戦隊でずっと転戦し、ビルマで隼によるＰ51撃墜第一号を記録した歴戦パイロットだった。檜大尉がキ100に乗ることになったのは、師団長の今川一策少将の命令によるものだ。

当時、明野には支那戦線で日本軍の飛行場に不時着して鹵獲されたアメリカ軍のＰ51ムスタング戦闘機があった。今川少将は檜にこのＰ51で各基地をまわらせ、沈滞しがちな士気を鼓舞しようと考えていたが、Ｐ51の発電機が焼けてしまったため、急遽キ100に変更したものであった。

春たけなわとなるにつれ、明野にも五式戦闘機として制式になったキ100がしだいにふえはじめた。同時に教育が主体の教導飛行師団は今川師団長以下満州に移り、かわりに青木武三中将を集団長とする飛行第二十集団が編成された。

飛行機はすべて新鋭五式戦闘機、パイロットも当時としては残り少なくなった飛行時間六百時間以上の優秀な者ばかりを選抜し、日本陸軍戦闘機隊の総予備軍としての重要な任務をあたえられた。

三月に硫黄島が敵の手に落ちた。日本本土とサイパン島の中間に位置するこの島の戦略的価値は大きかった。被弾してサイパンまで帰りつけなくなった多くのB29がここに不時着することができたし、この基地からP51をB29の掩護に飛びたたせることもできた。

明野は日本陸軍戦闘機の巣窟《そうくつ》として敵におそれられたが、それまでは一度も攻撃を受けたことはなかった。ところが硫黄島が落ちてP51が飛んでくるようになり、四月二十二日、ついにP51約五十機が飛燕に似た液冷エンジン独得の爆音をひびかせながら明野を襲った。

この日、迎撃に上がった檜部隊は、キ100ではじめてP51と対戦することになったが、無線機の故障で地上からの誘導がうまくいかず、見るべき戦果をあげないまま着陸した。

戦闘機乗りの誇りでもある明野を敵の蹂躙にまかせたことに檜はくやしさを覚えたが、敵もあわてたらしく、降下しすぎて地面に激突したもの一機、戦闘指揮所に引っかけたもの一機、さらに地上砲火で撃墜されたものをふくめて三機の損害を出した。檜は整備隊長に、P51の発電機を取ってくるようたのんだ。なんとかして大正飛行場においてあるP51を飛ばせたかったのだ。しかし、墜落したどの機体も、エンジンが破壊していて満足な発電機はなかった。

「五式戦は実によく働いてくれた。整備はらくだし、故障機はほとんどなかった。この飛行機がせめて半年前にでも完成していたら、あるいは戦局がかわっていたかもしれないと思われるほどであった」という五式戦にたいする檜大尉の評価は、そのまま全戦闘機パイロットの声でもあった。

四月一日に連合軍が沖縄本島に上陸し、いよいよ本土への上陸が予想されるようになると航空攻撃は特攻機だけとなり、敵の空襲にたいする迎撃は禁止された。飛行機を飛行場からずっとはなれたところにかくし、本土決戦に備えて温存策がとられるようになったからだ。

だが檜の属する第二十集団には、状況によって迎撃に上がることが許されていた。

六月五日、雲一つない晴天で、太陽のまぶしい日だった。朝、南鳥島の監視哨から大型機編隊の北上を報じてきた。

「今日はこっちかもしれんぞ」「もうそろそろ阪神地方にくるころだ」「こちらが反撃しないものだから、なめ切っているんだ」

ピストでは待機中のパイロットたちが、落ちつかないままに緊迫した表情で会話をかわしていた。午前十時すぎ、室戸岬付近を北上したB29の大編隊は、予想どおり阪神地区にむかってきた。

「命令！　敵B29編隊は目下大阪地区を爆撃中。檜部隊はただちに出動、敵の帰路を捕捉攻撃すべし」

戦闘指揮所からマイクの声が流れ、パイロットたちはいっせいに立ち上がった。檜は最後の注意をあたえてから、飛行機に乗りこんだ。五式戦でB29に挑戦するのは、はじめてだったが、檜はビルマで対戦したB24のことを思い浮かべた。

ビルマにいたころ、檜の部隊ではB24にずいぶん手こずったが、結局、皮を切らせて肉を斬る捨て身の攻撃以外に方法がなかった。

厚い装甲に防護されたコンソリデーテッドB24リベレーター四発爆撃機の武装は強力で、

わずか十二・七ミリ機関砲二門の隼戦闘機でB24編隊群から撃ちだす壮大な火網の中に飛びこんでいくことは、自殺にひとしい行為だった。だが指の爪ではじく場合でもあまり近づきすぎるとかえってはじけないように、B24にたいしても思い切って近寄ってしまえば敵も思うように射撃ができない。当時B24を撃墜したパイロットの中には、敵の尾部砲座をかじってプロペラがまがってしまうほど接近した者がいた。だから、あの大きなB29が、巨体をくねらせて避けようとするまで近づくことが必要だ、と檜は考えた。

『私はグングン高度をとった。伊賀上野上空付近、高度六千メートルでなおも上昇をつづけていると、はるか北方から、おりからの太陽をうけてキラキラ光るB29の編隊が南下してきた。

私は急激に翼をふって敵機発見を知らせた。その数およそ二百五十機ぐらいか。こちらはたった十三機、劣勢だが火の玉となってぶつかろう。腹に力を入れて心を落ちつかせてから戦闘隊形に移ることを指示した。かねての訓練どおり、杉山中隊も西村中隊も攻撃に有利な位置をとるべく全速力で移動し、戦闘準備をおえた。

B29は急速に近づく。私は無線のスイッチを入れ、

「敵機発見！　敵機発見！　ただ今より攻撃！」と、明野指揮所に通報した。

まさにタイミングよし。敵編隊の前方をさえぎるように攻撃に移ろうとしたとき、突然、操縦桿を奪われるのではないかと思われるほどの、はげしい振動に襲われた。飛行機の分解直前の徴候である主翼のこまかい振れがはじまったのだ。

「しまった！」と下を見ると、山岳地帯だ。だがここで私が攻撃しないと、部下の中隊全機が攻撃をやめてしまうかもしれない。ままよこのまま突進あるのみ、と体が振動で投げ出されそうになりながらもB29にむかって突進して行った。照準器も振動で像がつかめないし、射撃しても弾丸ははずれてしまう。敵の弾丸は容赦《ようしゃ》なく真っ赤になって飛んでくる。一突進終わってふりかえってみると、杉山中隊は私が教えたとおり前下方攻撃をかけている。が、どの飛行機も金魚が口を上げたような攻撃で、失速しそうな態勢のまま下から喰いついている。

「まずい！　損害が出なければいいが」と思いながら西村中隊を見ると、九度山上空付近から攻撃をかけはじめた。

　B29があちこちで煙を吐き出した。まもなく落下傘降下するものが出てきた。二機が巨体をゆすって墜ちていった。あとの四、五機は、新宮の方から海へ向かって黒煙を吐きながら降下していった。

　私の飛行機の振動は、ますますひどい。不安にかられながら、分解直前の飛行機をだましだまし基地にたどりついた。着陸して点検したら、方向舵のタブが吹っとび、空中分解の寸前であった。ほかの飛行機だったらとっくに空中分解していたかもしれないが、「飛燕」ゆずりの五式戦の頑丈な機体のおかげで、どうやら持ちこたえることができた。

　飛行機の故障で心ゆくまでの戦闘指揮がとれなかった私は、部下の身を案じつつ、焦燥にかられながら飛行場に立って空をにらんでいた。

最初に帰ってきたのは西村中隊長機だったが、負傷していたのですぐ陸軍病院に送った。このあとつぎつぎに味方機が着陸してきたが、二機だけ帰ってこなかった。日比少尉と阿部少尉だった』（檜與平『つばさの決戦』光人社刊）

意気上がる最後の戦果

六月五日のB29迎撃戦での戦果は、撃墜六機、不確実五機で、落下傘降下した敵兵は二十三名だった。このうちの二機は、被弾した日比、阿部両少尉機の体当たり攻撃によるものである。

アメリカ側の資料によると、この日の空襲には四百機のB29が参加し、約百二十五機の日本戦闘機の攻撃をうけたが、地上砲火によるものもふくめて六機が撃墜され、一機は破壊されながらも硫黄島にたどりついたという。しかし、この見返りとして神戸市街に三千トンの焼夷弾を投下、十平方キロメートル以上の地域を焼きはらって五万一千三百九十九戸の家屋を破壊し、以後、神戸を爆撃のリストから除く戦果をあげた。

B29による戦略爆撃の効果は着実に日本を壊滅に追いやっていたが、それまでは不思議に空襲をまぬがれていた各務原地区にも、ついにB29の目標となる日がやってきた。ここには各務原陸軍飛行場をはじめ川崎航空機岐阜工場、陸軍航空廠、三菱重工組立工場などの軍事施設などがあったからだ。

昭和二十年六月二十二日午前九時過ぎ、西から各務原地区に侵入したB29六十四機は三波に分かれて、まず各務原西方の那加駅周辺を爆撃し、つぎに川崎工場、航空廠、三菱工場などの主目標を、さらに周辺の一般住宅区域にも爆撃を加えた。

日本本土を昼間爆撃中のB29爆撃機。B29に対抗する日本機は出現せず、軍需産業は爆撃によって壊滅的打撃をうけた。

川崎岐阜工場には当時、岐阜市周辺の商店主ら徴用工、および動員学徒をふくめて約三万人、周辺の分工場までふくめると五万人におよぶ工員がいたが、これだけの人員の避難はたいへんだった。しかし、皮肉なことに主目標であった川崎の工場内での死者はほとんどなく、六十三名の死者の大部分は工場の外に避難中にやられたものだった。

試作部長土井武夫はこの日、全員を工場の外に避難させたのち、十五名ほどの職員とともに工場本館（名鉄三柿野駅の北側）にのこった。責任者として工場を死守するつもりだったのだ。

正面玄関から西へ十メートルほどのところに避難用の地下室があったが、ギリギリまで建物の中でがんばった。空襲がはじまり防空壕に避難することになったが、三名ほどが爆撃の模様を地下室に伝えるため、コンクリート管で作られた屋上の監視所に残った。決死隊である。

そのうち、ヒューッと音がし、大きな爆発音とともにコンクリートの壁がゆれ、一面にほこりが舞い上がった。

なんとか直撃はまぬがれたらしい。物音が聞こえるので外に出た土井は、平屋の建物が燃え、その熱で本館の二階三階にあった木製の椅子や机が燃えはじめたのを知った。それから土井たちは消火作業をはじめたが、水不足に加え手押しポンプなので作業はさっぱりはかどらず、やっと鎮火したのは夜中の十一時すぎだった。

本館に落ちた爆弾は、土井たちが避難した地下室とちょうど反対側の、玄関から東へ千メートルほどのところで、三階から一階まで貫通して爆発、深さ五メートル、直径十メートルの穴をあけていた。このため、修復された川崎重工の本館の建物は、いまでも東半分は二階までしかない。

工場の裏手の赤星山には、防空壕があって多くの工員が避難したが、その一つに入っていた全員が爆風で死んだ。ちぎれて飛んだ手や足を看護婦があつめてアルコールでていねいに拭き、胴と合わせて納棺した。気が張っていたせいか、そういういやな仕事を看護婦たちは実にりっぱにやってのけた。

生き埋めになった死体は、三柿野の青年学校に収容したが、火葬は野天焼きとなった。三メートルほどの鉄棒を二本わたし、その上にならべられた死体は、内臓が焼け残ってくすぶり落ち、その無残さに遺族たちも顔をそむけた。燃焼をはやめるため、川崎の工場から重油が運ばれた。

六月二十二日の空襲につづいて四日後の二十六日、再度の爆撃を受け、川崎航空機、三菱航空機、陸軍航空廠などの各務原地区の施設はほとんど壊滅し、飛燕や五式戦の生産は事実上停止してしまった。

東京地区の防空戦で活躍した244戦隊所属の「飛燕」。19年秋から20年5月まで、「飛燕」による撃墜破は180機に達する。

滋賀県八日市飛行場にも新鋭五式戦闘機の部隊がいた。昭和十六年に飛行第百四十四戦隊として関東地区の防空を任務として編成され、昭和十七年に第二百四十四戦隊と改称された戦闘機隊だった。

昭和十八年七月に三式戦闘機飛燕に機種改変され、十九年秋にはじまったB29にたいする防空戦闘では体当たり専門の震天制空隊を出し、戦隊長の小林照彦少佐みずから体当たりで、B29を撃墜するという闘志あふれる部隊で、二十年五月には第一総軍司令官から戦隊にたいして感状を、同時に戦隊長にたいしても表彰状と武功章があたえられた。

体当たりによるB29撃墜は立川にいた筆者も目撃したが、約三十年前のさる航空雑誌に書いたその状況はつぎのようなものであった。

『何回目かの来襲のとき、ちょうどわれわれの頭上で三機が単縦陣となって側方から突っこんだが、そのうちの一機がB29と交叉したと思った瞬間に消えてしまった。すると大きなB29がスローモーション映画を見ているようにゆっくりと傾き、やがて錐もみに入ると翼と胴体がバラバラになり、青い空をバックに鮮紅色のガソリンの焔をひきながら落下した。そして一瞬消えた味方の戦闘機の姿があらわれたが、しばし空中に浮かんだのちガクンと機首を落とした。

おどろいたことに、双方の飛行機が落ちたあとの空に落下傘が二つ開いた。あとで聞いたところによると一つは敵の乗員、一つはわが戦闘機パイロットのもので、このパイロットは長身でハンサムだったので敵兵とまちがえられ、かけつけた人たちによってすんでのことに袋だたきにあいそうになったという。

体当たりしたのは、調布に基地をもつ「震天制空隊」の「飛燕」とのことだった』

このときまでの部隊の総合戦果は撃墜B29七十三機をふくむ八十四機、撃破B29九十二機をふくむ九十四機というすばらしいもので、飛燕部隊としては最高だった。

二十年五月に五式戦闘機にかわってからも、つねに敵にたいして有利な戦闘を行なっていたが、七月十六日の出動を最後に迎撃禁止令が出た。

毎日のように空襲にやってくる敵のB29や小型機編隊を目の前にして、優秀な五式戦をそなえながら迎撃できないということは若いパイロットたちにとって耐えがたいことだった。

「もう、がまんできません。隊長殿、やりましょう。こんな腑甲斐《ふがい》ないことがありますか。

われわれは手を出すことができず、敵のなすがままにされているようでは、兵力温存どころかジリ貧になって自滅です。第一、こうやって飛ばずにいると、伎倆も落ちます。どうしてもやりましょう……」

6個のB29撃墜マークをつけた愛機上の第244戦隊長小林照彦少佐。20年1月27日、少佐はB29を体当たりで撃墜した。

勢いこんでつめよる部下を、小林戦隊長はたのもしげに見やったが、

「よし、やろう!」と言って帰した。

身長百八十センチ、堂々たる長身の小林少佐は性格もまた豪放だったので、一計を案じた。司令部には明朝、ひさしぶりに戦闘訓練をやりますと報告し、その実は迎撃準備を命じた。七月二十四日のことである。

翌二十五日、準備を終えた戦隊員たちが張り切って待機しているところへ、警戒警報が発令された。たちまち飛行場全体に殺気がみなぎり、快調なエンジン音をあとに五式戦がつぎつぎに空にあがった。二百四十四戦隊の意図を感づいた司令部からは、戦隊作戦室に離陸中止を命じてきたし、空中に上がった飛行機の機上無線にはさかんに、

「着陸せよ」「空中待避せよ」の指令が入った。

だが、これらの指令をいっさい無視して小林戦隊長のひきいる十八機の五式戦が基地上空で待ちかまえているところへ、グラマンF6Fヘルキャットの編隊が進入してきた。こちらは高位、しかもまだ気づかないグラマン約二十機の編隊にたいし、絶対有利な体勢から戦隊長を先頭に攻撃を開始した。不意をうたれたグラマン編隊は五式戦の十二・七ミリと二十ミリの火網にとらえられ、たちまち十二機が撃墜されてしまった。このところひさしく見られなかった胸のすくような戦果に、基地の人たちはもとより一般市民たちも快哉《かいさい》をさけんだ。

ところが、予期したとおりあとがたいへんだった。

「命令違反だ」「重大軍紀犯だ」「軍法会議だ」などと、司令部からはやんやと叱責の電話がかかってきた。部下にせがまれて迎撃を決意したとき、すでに覚悟していたことではあったが、作戦要務令にも明記されているように状況に応じての独断専行は指揮官にとって当然の行動だし、それなりの戦果をあげたと確信していた小林少佐は、その夜、部下たちと痛飲した。しかし、何のとがめもないままに翌二十六日の夕方、二百四十四戦隊の活躍ぶりを聞かれた天皇陛下から、「深く満足に思う」旨のおほめの言葉が伝えられ、とたんに司令部の態度がかわった。

だが二百四十四戦隊の出動も、これが最後となった。それ以後は司令部から派遣された参謀が戦隊本部をはなれず、小林戦隊長につきっきりで監視するようになったからだ。

国内防空戦闘の最後を飾ったキ100、五式戦は、ただ一機が、イギリスのバーミンガムにちかいコスフォード空軍基地に現存している。この五式戦が英軍の手に渡ったいきさつについて、陸軍航空輸送部各務原飛行機部で戦地への飛行機空輸作業に従事し、同部がフィリピンのマニラに移ったのちも、そこから飛燕をニューギニア他に運んでいた岸由男軍曹（横浜市）は、戦後、土井に送った手紙の中でつぎのように述べている。

『昭和二十年夏、サイゴン（現在のホーチミン市）に隊が移ったとき、キ100一機を内地からシンガポールに空輸するよう命を受けました。七月末、小牧飛行場で飛行機を受けとり、屏東、上海、台中をへて、八月十四日、ホーワン（香港ちかくの飛行場）発、さらに海南島の三亜を十五日に出発してカンボジアのコンポンクーナンに着いたところで敗戦を知り、そこで引き返してサイゴンで敗戦を迎えました。

九月はじめごろ、英軍よりキ100パイロットとして呼び出しを受け、そこでキ100を英本国に持って行く話を聞きました。飛行機といっしょに私もつれて行って第二次大戦の戦勝祝賀会での見せ物にするような話でしたが、私はことわりました。

テスト飛行のときは、滑走路わきにトロッコ線路を敷き、ガソリンカーを走らせて離着陸の様子を撮っていました。ピッパーグ中佐の乗るP51といっしょに飛ばされたり、いろいろありましたが、そのとき油圧ポンプの故障で脚が出なくなり、手動もきかないので燃料を全部放出して胴体着陸をやりました。

飛行機の行きアシが止まるか止まらないうちに、両側からせまった消防車から隊員が機にかけ上がり、私を機外に出そうとしたのにはおどろきました。日本ではなかったことです。英軍は紳士的にあつかってくれ、クレーシー中将、トントン准将、マクモランド大尉、私のための自動車係ニコラス軍曹などにお世話になりました。サイゴンからはキ46III型司令部偵察機一機、キ67爆撃機一機とともに船ではこばれたはずです』

昭和二十年五月一日、ヒトラーがベルリンで自決し、七日にはドイツが連合国にたいして無条件降伏した。すでに二年前に同盟国のイタリアが降伏し、いままたドイツが降伏して、日本は全世界を相手にただ一国で戦うという歴史に類を見ない事態となった。

ヨーロッパ戦の終結であまった戦力を、アメリカはアジアに転用して日本にたいする航空攻撃をいっそう強化した。

B29による都市の戦略爆撃と、この間をぬって行なわれる艦載機やP51などの小型機による航空基地の攻撃は日本全土を覆い、局地的には反撃したものの大勢はすでに決している。六月二十一日、アメリカのニミッツ元帥は沖縄の日本軍の組織的な抵抗の終了を告げ、七月なかばにはポツダムで米英ソ三国首脳による日本の処理についての会談が行なわれた。

八月六日、広島に世界最初の原子爆弾が投下され、八日にはソ連が日本にたいして宣戦を布告するとともに満州、朝鮮、樺太などの国境をこえていっせいに侵入を開始した。そして九日には二発目の原子爆弾が長崎に投下され、急速に破局の日がちがづいていた。

飛燕や五式戦をつくる川崎航空機の工場にたいする空襲は、六月二十二日の岐阜工場以後も七月七日明石工場、二十日福井分工場、二十八日一宮分工場と手をゆるめることなくつづけられた。それでも空襲になれた工場の人たちは、破壊をまぬがれた工場の一部とのこった資材をかきあつめて生産をつづけようとした。しかし、彼らのこうした意気も、並行して行なわれた都市爆撃によって自分の家を焼かれると消え去った。

川崎航空機試作部長土井武夫は、あいかわらず多忙だった。八月十三日、土井は湯河原で行なわれた陸海軍共同のロケット戦闘機の研究会に出席した。

これよりさき、七月七日にはドイツのメッサーシュミットMe163をまねたロケット戦闘機秋水が飛んだが、墜落してパイロットが殉職するという事故で第一号機が失われた。プロペラつきの飛行機では、もはや限界に達した速度の壁を破って、なんとか画期的な性能を、というのが会議のテーマだったが、なぜかあまり熱の入らない様子が土井には感じられた。雑談の間に、高空のジェット気流にのせて日本からアメリカに向けて飛ばせ、本土に達したころに時限装置が働いて爆弾が落下するという〝風船爆弾〟というのがあり、紙製の大きな気球をつくるために接着用の蒟蒻《こんにゃく》が大量にいるという話を聞いた。会議はつぎの日もつづいたが、結論は出なかった。いま、国の最高機関できわめて重要な決定がなされつつあるので、ここで決めてもムダだからということだった。会議がおわってから土井は、東京の軍需省に行ってみた。都心はすべて焼けてしまったので、吉祥寺にちかい立教女学院に移っていた軍需省では、庭でさかんに書類を焼いていた。

最高決定というのが何かはわからなかったが、いよいよ米軍の上陸にそなえて、本土決戦の予告ではないかと想像していた土井は、こんなせっぱつまったところまできたのかと思った。しかし、事実は土井の予想とはちがっていた。

十四日夜、B29約五百機がのこっていた日本の各都市を爆撃した。そして翌十五日にはB29にかわって機動部隊の艦載機が早朝からやってきた。第一波が燃料と弾丸や爆弾を使いはたして引きあげたあと、各地のレーダー・スコープには、第二波の大編隊が捉えられた。ところが空中に上がっていたレーダー哨戒機が触接《しょくせつ》をはじめようとしたとき、不意に目標が引きかえしはじめたのが観察された。そして午前十時以後、すべての艦載機は姿を消し、うそのような静けさが日本の空におとずれた。

昭和二十年八月十五日正午、天皇陛下の玉音放送により戦争終結が告げられた。東京西郊の西荻窪の親戚に泊まっていた土井は、放送を聞いてすぐに汽車に乗った。こうなっては、なによりも家族のことが心配だったし、会社のこともあったからだ。混雑した列車は、それでも空襲にさまたげられないので夜中に岐阜に着いた。

予想どおり、岐阜では混乱が起こっていた。米軍が進駐してきたら何をされるかわからないからと、市役所からは米を二升ずつ配られ、女子供は裏山に逃げるように指示があり、土井の家でも不安にかられながら避難準備の最中だった。

「大丈夫だよ。そんなことはないよ」

海外の事情にくわしい土井は、こう言って妻や子供たちを安心させ、避難を思いとどまらせた。

翌日、会社に行った土井は、ここでも図面を山とつんで焼いているのを見て、中止するように言ったが、すでに大部分は火がまわっていて手おくれだった。岐阜工場だけではなく、設計部門が疎開していた岐阜市内の大日本紡績や木曽川でも焼却がはじまっていた。飛燕、五式戦、キ91、キ102の図面などにまじって、土井にはなつかしいドルニエ、サルムソン、さてはパッカード貨物自動車の図面などが炎をあげているのを見て悲しかった。そして、心の中でさけんだ。

「なぜ、燃やさなければならないんだ。われわれは、こんなりっぱな飛行機をつくったんだと資料を堂々と渡してやればいいじゃないか」

しかし敗戦という、かつてない異常事態に直面した人びとには冷静な思考をもとめてもムリだった。彼らは、まるで何ものかにせき立てられているかのように、図面や資料を焼きつづけた。川崎航空機は、東條元首相の実弟が専務取締役で岐阜製作所の責任者だったこともあり、終戦の情報がほかよりはやかったらしい。

エピローグ

「オー、土井サン」

はっきりした口調で、フォークト博士がいった。電話の向こうでおどろいている博士の顔が目に見えるようだった。

思えば、三十年ぶりである。

川崎航空機工業技術顧問土井武夫とリヒァルト・フォークト博士との最初の出合いは、土井が昭和二年に入社したときだ。それから博士が昭和八年に故国のドイツに帰るまでのおよそ七年間いっしょに仕事をしたが、そのあとは戦争などでたがいの消息はぷっつり途絶えていた。

土井がそのフォークトの消息を知ったのは、戦後二、三年たってからだった。空とのつながりをいっさい禁止された戦後の航空技術者の生きる道は、けわしかった。名設計者土井といえども例外ではなく、彼はリュックサックを背負って、神戸にあったオーストラリア人の経営する小さな町工場にかよった。

荷車などをつくる工場で、失業した船員もはたらいていたが、さすが港町神戸だけに外国の技術雑誌なども目にすることができ、海外の技術情報に飢えていた土井はむさぼるように読んだ。

あるとき、彼はフォークトがドイツからアメリカに渡ったという小さな記事を見つけた。

「なつかしい！」という思いと同時に、おそらくアメリカでは飛行機の仕事についたであろう博士をうらやましく感じた。

なにごとであれ、自分が情熱をかたむけるべき対象を失うことぐらい、むなしく淋《さび》しいことはない。まして土井は、ひたすら飛行機とともに生きてきた男だった。

さいわい、戦後の混乱期が過ぎ、連合国による占領がおわると、日本にも〝航空〟が復活した。さっそく土井が飛行機の仕事に復帰したことはもちろんである。

日本の海上自衛隊で、アメリカ・ロッキード社のP2V対潜哨戒機を採用することになり、川崎重工業でのライセンス生産が決まった昭和三十八年、土井はそのプロジェクトの技術責任者として、ロサンゼルス郊外にあるロッキードの工場に派遣された。

このとき土井は、アメリカに渡ったフォークトの

優美な姿に高い性能を秘めた「飛燕」の設計者土井武夫氏。

ことを思い出した。

「会いたい。どうしているか」

だが、どこにいるかわからない。アメリカの航空学会誌をしらべたところ、彼がロスからあまり遠くないサンタバーバラにいることをつきとめた。

サンタバーバラは、太平洋戦争中に日本の潜水艦による砲撃を受けたところだが、ロスからサンフランシスコに向かうフリーウエイのロス寄りにあるしょうしゃな町で、フォークトの家は海を見おろす小高い丘の上にあった。

「土井サン、よく来てくれました」

かけ寄って土井の手をしっかり握った小柄なフォークトは、三十年前と変わらないおだやかな、だが親しみをこめた表情でそういった。

一八九四年生まれで、ちょうど土井より十歳年上のフォークトは、髪に心持ち白いものがまじっていたが、子供たちや新しい妻に囲まれて元気そうだった。

戦争に敗れはしたが、ドイツにはジェット戦闘機やロケット・ミサイルなどの分野で、連合国よりすぐれた多くの先進技術があった。それらの技術を移植するため、戦勝国は多くの戦利品をドイツから持ち帰ったほか、めぼしい技術者を自国に呼んだ。アメリカに渡った、ICBM(大陸間弾道弾)や月ロケットで有名なフォン・ブラウン博士もその一人だが、航空技術者でだれを呼ぶかについては、アメリカ国内でも議論があったようだ。

ウイリー・メーサーシュミット、エルンスト・ハインケル、クルト・タンクなど、著名なドイツ人飛行機設計者の名が十人ほどあがったが、結局フォークト一人がえらばれてアメリカに渡り、空軍につとめることになったのである。

再会した二人の間に、語るべきことは山ほどあった。戦時中のこと、戦後のこと、そして現在のことなどだが、何といっても語りつきなかったのは、たがいに同盟国として戦った第二次大戦中の仕事についてだった。

フォークトはメッサーシュミットやハインケルとはちがった独特なセンスの持ち主で、三発の特異なかたちをした飛行艇、左右非対称の偵察機や、当時としては世界最大の六発巨人飛行艇などを設計した。

土井はフォークトが川崎を去ったあと、陸軍九五式戦闘機（キ10）にはじまり、制式になったものだけでも九九式双発軽爆撃機（キ48）、一式貨物輸送機（ロッキード改造、キ54）、二式複座戦闘機（キ45）、三式戦闘機（キ61）、五式戦闘機（キ100）などを手がけた。さらに試作機にいたってはタンデム・エンジン型の双発戦闘機（キ64）から四発長距離爆撃機（キ91）計画にいたるまでざっと十指をかぞえるほどで、これには土井の師匠格であるフォークトもびっくりしたらしい。

一九五〇年代のはじめ、アメリカの戦闘機設計技術は急激な進歩をとげ、F100（ノースアメリカン）、F101（マクダネル）、F102（コンベア）、F104（ロッキード）、F106（リパブリック）など、一連のいわゆるセンチュリー・シリーズ戦闘機の開発がはじまっていたが、フォークトはこれらの戦闘機の審査にあたった。

戦闘機の水平速度が音速を超えはじめたころで、超音速の分野ではずっと研究が進んでいたドイツの技術者であるフォークトの知識が、アメリカにとって必要だったのである。

自国の技術について誇らし気に語るフォークトは、第一次大戦では敗戦後日本に来て仕事をやったし、第二次大戦でも同様な体験をアメリカでしていたわけだが、二度の敗戦にもめげず自己の技術を売り物に生き続けるフォークトのしぶとさを、まだ一度の敗戦しか経験していない土井は見習うべきだと思った。

フォークトの技術を高く評価したアメリカは、定年で空軍をやめた彼を、こんどはボーイング社が顧問に招聘《しょうへい》したが、ここでもB29爆撃機の翼端に小型飛行機をヒンジで連結して超長距離機にしたり、胴体正面に機関砲を搭載し、上向きに大きなプロペラを四個つけたヘリコプターのお化けのようなフライング・ジープというのを設計したり、かれの特異な才能はおとろえることを知らなかった。

三日間の滞在ののち再会を約してフォークト邸を辞した土井はあらためて博士の偉大さに打たれ、帰国して川崎重工社長の永野喜美代に話した。永野もかつてフォークトの滞日時にいっしょに仕事をした仲だったので、彼を日本に招待しようということになり、それから二年後の昭和四十年の春、それが実現した。

夫人同伴でやってきたフォークトは、三十二年ぶりに見る日本の変わり様に驚いたが、当時を知る人びとの変わらない友情にはいたく感動した様子だった。

三週間の滞在の間に、大きくなった工場や思い出のある名所旧跡をたずね、美しい日本の春の風物を満喫し、土井の家も訪れて大いに旧交をあたためた。

翌年、土井は夫人をつれて世界を旅した際に、アメリカではフォークト家に立ち寄って世話になった。その後、土井の子息も新婚旅行の途次おとずれるなど、フォークトと土井の交流が深まったことはいうまでもない。

戦争のない平和な時代が、それを可能にしたのである。

昭和40年4月23日、来日したフォークト博士夫妻と彼を慕う当時の関係者たち。後列フォークト博士の左が土井武夫氏。

「前々からのみな様方の御希望だった各務原飛行場にあつまり、わたしたちがこよなく愛した〝つばさ池〟の近くで昼食をいただきながらお話し合いをいたしたいと存じます。

と　き　八月八日　午前十時三十分集合
ところ　各務原市那加　航空自衛隊岐阜基地西門」

この案内に応じて昭和五十一年八月八日、かつて各務原飛行場の風一八九一八部隊に勤務した大沢光子、川村美登里ら十六人の女性があつまった。

三十年ぶりだったが、往年の乙女たちの再会は、たちまち時を忘れさせた。すでに孫のある人もいる年代になっていたが、彼女たちに空白はなく、すぐに〝イッちゃん〟〝ハッちゃん〟と愛称で呼び合うむかしの乙女時代にもどった。

いまは航空自衛隊岐阜基地内の第二補給処になっているかつての〝つばさ池〟の跡をおとづれた彼女たちは、戦死あるいは爆死した人びとの冥福をいのり、花をそなえた。合掌して頭をたれる彼女たちの脳裏に、過ぎ去った青春時代の強烈な印象がよみがえり、そっと涙をぬぐう姿もあった。

このあと、かつてここの陸軍航空輸送部でフェリー・パイロットをつとめた板生勉防衛事務官の案内で基地内を見学した。最新のジェット戦闘機ロッキードF104をまぢかに見て、その精巧さに感嘆したあと、滑走路の反対側のもと航空廠のあたりで、なつかしい飛燕と対面した。戦後、在日アメリカ軍基地に展示されていたのを、返還後かつての生みの親である土井武夫たちが復元したものだ。

「ジェット機は冷たいが『飛燕』には人間的なぬくもりがある」と川村美登里は思い、かつてその操縦席から手をふって南の空に消えた人の面影が大沢光子の胸中によみがえった。

人それぞれの思いをよそに飛燕は変わらない美しい姿を横たえ、そのころと同じまっ青な夏空をにらんでいた。

三式戦および五式戦の諸元表

	三式戦闘機一型 キ61－I	三式戦闘機二型 キ61－II	五式戦闘機一型 キ100－I	五式戦闘機二型 キ100－II
寸法				
全　長　m	8,940	9,160	8,820	8,820
全　幅　m	12,000	12,000	12,000	12,000
全　高　m	3,700	3,700	3,750	3,750
主要面積　m^2	20,000	20,000	20,000	20,000
重　量				
自　重　kg	2,630	2,855	2,525	2,700
搭載量　kg	840	970	970	970
全　備　kg	3,470	3,825	3,495	3,670
エンジン				
名称	「ハ40」	「ハ140」	「ハ112」II	「ハ112」IIル
	液冷倒立V12	同左	空冷二重星型14	同左排気タービン付
一速公称出力HP	1,100	1,250	1,350	1,250
回転数　rpm	2,400	2,500	2,600	2,600
高　度　m	2,000	1,800	2,000	8,200
二速公称出力HP	1,100	1,260	1,250	1,000
回転数rpm	2,400	2,500	2,600	2,600
高　度　m	4,500	5,100	5,800	10,000
離昇出力　HP	1,175	1,350	1,500	1,500
回転数　rpm	2,500	2,700	2,600	2,600
プロペラ	3翅可変・直径3m	同左・直径3.1m	同左・直径3m	同　左
性能				
最大水平速度km/h	560	610	580	590
高度　m	5,000	6,000	6,000	10,000
上昇時間	5000mまで7分	5000mまで6.5分	5000mまで6分	10000mまで18分
実用上昇限度　m	11,000	11,000	11,500	
航続距離　km	1,800	1,600	2,000	1,800
武　装				
火　器	12.7mm×2	12.7mm×2	同　左	同　左
	12.7又は20mm×2	20mm×2		
爆　弾	100kg×2	250kg×2	250kg×2	

川崎航空機沿革史資料による

「ハ40」および「ハ140」エンジンの諸元比較

諸元	「ハ40」	「ハ140」
型式	液冷倒立V型12気筒	
ボア×ストローク	150mm×160mm	同左
排気量cc	33,900cc	同左
圧縮比	6.9	7.2
リッターあたり出力	32.5HP/ℓ	36.9HP/ℓ
平均ピストン速度	12.8m/sec	13.7m/sec
減速比	1,555：1	1,687：1
与圧器	単段フルカン接手付	
公称吸気圧（ブースト）	＋220mm/Hg	＋180mm/Hg
クランク軸回転数	2,400rpm	2,500rpm
地上馬力	1,045HP	1,175HP
一速与圧高度	2,000m	1,800m
〃　馬力	1,100HP	1,250HP
二速与圧高度	4,500m	5,100m
〃　馬力	1,100HP	1,200HP
常用吸気圧（ブースト）	＋145mm/Hg	＋85mm/Hg
クランク軸回転数	2,200rpm	2,300rpm
地上馬力	860HP	1,000HP
一速与圧高度	1,000m	1,800m
〃　馬力	880HP	1,060HP
二速与圧高度	4,100m	5,100m
〃　馬力	940HP	1,040HP
離昇吸気圧（ブースト）	＋305mm/Hg	＋280mm/Hg
クランク軸回転数	2,500rpm	2,700rpm
地上馬力	1,175HP	1,350HP
馬力あたり重量	0.55kg/HP	0.58kg/HP
重量	580kg	680kg
気化器	燃　料　噴　射	
燃料オクタン価	87	
燃料消費量	225gr/HP/h（950HPで）	
オイル消費量	4～7gr/HP/h	

川崎航空機、田中英夫氏資料による

キ61およびキ100関係年表

昭和15年 (1940)	1・11 12・1	社内呼称「A21」軽戦として研究開始 陸軍機体番号「キ61」として設計開始
昭和16年 (1941)	6・5 15 11・15 12・12	実大模型審査 メッサーシュミットMe109到着 主翼破壊試験 試作1号機完成、試験飛行
昭和17年 (1942)	8・20 9・3 10・30 11・17 12・1 12・21	「キ61」一型大量生産開始 「キ61」二型設計開始 東京日日新聞社で「キ61」にたいする「ニッポン賞」授与式 「キ61」二型実大模型審査 岐阜工場職制改編、試作部、研究部等新設 「キ61」二型第二次実大模型審査
昭和18年 (1943)	1・26 2・5 8・10 9・30 10・30 11・24 12・31	「キ61」第173号機調査委員会任命 「キ61」二型第三次実大模型審査 〃　装備審査（13日まで） 〃　第2号機完成、第一回試験飛行 〃　第3号機完成　〃 〃　第4号機完成　〃 「キ61」一型月産200機に達す
昭和19年 (1944)	9・28 10・1 10・25 12・21	「キ61」二型大量生産開始 「キ61」二型首無機続出により、対策として三菱「ハ112」エンジンに交換のため「キ100」試作命令 「キ100」一型設計開始 「キ61」設計の功績により土井、大和田両技師にたいし陸軍大臣より表彰
昭和20年 (1945)	1・13 1・19 1・21 2・23 2・25 3・8 5・5 8・15	軍部より「キ61」にたいし「飛燕」と命名発表 テスト・パイロット片岡操縦士殉職 「キ61」一型生産打ち切り（一型改もふくめ2734機生産） 「キ100」一型試作機3機完成、試験飛行の結果良好 「キ100」二型設計開始 「キ100」一型大量生産開始 「キ100」二型試作機2機完成（20年9月より生産開始の予定） 終戦

川崎航空機・年表より抜粋

文庫版のあとがき

この本は昭和五十一年六月一日から同年九月三十日まで、「東京タイムズ」という新聞に百十七回にわたって連載されたものがベースになっている。連載を終えて約一年後に広済堂出版から新書版戦闘機シリーズの一冊として刊行されたが、本文中の誤りの訂正や、あとから知った事実などについて書き加えたりすることができないまま気になっていた。その意味でこのたび、光人社NF文庫としてふたたび世に出ることになったのは、筆者としてもうれしいかぎりである。

原稿の校正を終えようとしていたさる六月十四日、「飛燕」誕生の地である岐阜県各務原市の川崎重工（旧川崎航空機岐阜工場のあったところ）で中部川航会という会合が開かれた。旧川崎航空機および現在の川崎重工航空機部門OBの会で、中部地方在住の会員のみという限定にもかかわらず、出席者百名を越す盛況だった。

総会とパーティーが終わったその夜、岐阜市内の川崎重工岐阜寮の一室で土井武夫、永瀬浪速両氏と懇談するひとときを持った。元川崎航空機試作部長として、「飛燕」をはじめほとんどの機種を手がけた土井さんは九十二歳。同じく試作工場長として現場の立場から設計にアドバイスし、「飛燕」の急速大量生産に大きな貢献をした永瀬さんは八十六歳。お二人とも大変な御高齢にもかかわらず、五十数年前の出来事についてあたかも昨日あったことのように鮮明に、そして情熱をこめて語ってくださった。

こんどあらたに「飛燕」の本を刊行するにあたって、こういう機会を持てたのは思いがけない幸運であった。

またこの夜の話から、キ100五式戦闘機を戦地に運ぶ途中で終戦になり、飛行機をシンガポールで英軍に引きわたした陸軍航空輸送部隊の岸由男さんという方が横浜におられることを知り、さっそくお話をうかがったが、最近イギリスを訪れた岸さんから、そのキ100は、キ46百式司令部偵察機とともに英軍がきちんと整備をして、よい状態で保管していると聞かされ大変うれしく思った。

とかく地味な活躍しか知られていない陸軍戦闘機の中にあって、「飛燕」もその例にもれないが、本文中にもあるように「飛燕」によるB29への体当たりを目撃した筆者にとって、この戦闘機は、同じ陸軍の四式戦闘機「疾風」や、のちに『紫電改』や『紫電改の六機』を書くきっかけとなった海軍の「紫電改」とともに、とくに忘れがたい飛行機である。

ゆらゆらとかげろうの立つ真夏の飛行場で見た濃緑色の塗装も真あたらしい五式戦闘機の

精悍な姿、そして実戦のあとも生なましい剝《は》げかかったまだら塗装の三式戦闘機「飛燕」の姿を思い起こしながら、この「あとがき」を書いていると、二十歳の青春まっただ中にあったあのころの自分に帰って行くような気がしてならない。

平成八年八月十五日

筆　者

単行本　昭和五十二年四月　廣済堂出版刊

NF文庫

戦闘機「飛燕」技術開発の戦い

二〇〇六年四月十二日 新装版第一刷
二〇一六年七月 九日 新装版第二刷

著 者 碇 義朗

発行者 高城直一
発行所 株式会社潮書房光人社
〒102-0073 東京都千代田区九段北一-九-十一
振替／〇〇一七〇-六-五四六九三
電話／〇三-三二六五-一八六四(代)
印刷所 慶昌堂印刷株式会社
製本所 東京美術紙工

ISBN978-4-7698-2137-3 C0195
http://www.kojinsha.co.jp

ＮＦ文庫

刊行のことば

第二次世界大戦の戦火が熄《や》んで五〇年——その間、小社は夥しい数の戦争の記録を渉猟し、発掘し、常に公正なる立場を貫いて書誌とし、大方の絶讃を博して今日に及ぶが、その源は、散華された世代への熱き思い入れであり、同時に、その記録を誌して平和の礎とし、後世に伝えんとするにある。

小社の出版物は、戦記、伝記、文学、エッセイ、写真集、その他、すでに一、〇〇〇点を越え、加えて戦後五〇年になんなんとするを契機として、「光人社ＮＦ（ノンフィクション）文庫」を創刊して、読者諸賢の熱烈要望におこたえする次第である。人生のバイブルとして、心弱きときの活性の糧《かて》として、散華の世代からの感動の肉声に、あなたもぜひ、耳を傾けて下さい。

＊潮書房光人社が贈る勇気と感動を伝える人生のバイブル＊

NF文庫

魔の地ニューギニアで戦えり
植松仁作

青春を戦火に埋めた兵士の記録

玉砕か生還か――死のジャングルに投じられ、運命に翻弄された通信隊将校の戦場報告。兵士たちの心情を吐露する痛恨の手記。

海上自衛隊マラッカ海峡出動！
渡邉　直

小説・派遣海賊対処部隊物語

二〇××年、海賊の跳梁激しい海域へ向かった海自水上部隊。危険度の高まるその任務の中で、隊員たちはいかに行動するのか。

仏独伊 幻の空母建造計画
瀬名堯彦

知られざる欧州三国海軍の画策

航空母艦先進国、日米英に遅れをとった仏独伊でも進められた空母計画とはいかなるものだったのか――その歴史を辿る異色作。

真実のインパール
平久保正男

印度ビルマ作戦従軍記

後方支援が絶えた友軍兵士のために尽力した烈兵団の若き主計士官が、ビルマ作戦における補給を無視した第一線の惨状を描く。

彩雲のかなたへ
田中三也

海軍偵察隊戦記

洋上の敵地へと単機で飛行し、その最期を見届ける者なし――幾多の挺身偵察を成功させて生還したベテラン搭乗員の実戦記録。

旗艦「三笠」の生涯
豊田　穣

日本海海戦の花形 数奇な運命

日本の近代化と勃興、その端的に表われたものが日本海海戦の勝利だった――独立自尊、自尊自重の象徴「三笠」の変遷を描く。